Bert Gabler, Dr.

2'-Desoxyisoguanosin: Synthese, Desoxygenierung und Einbau in Oligonucleotide

GRIN Verlag

Bibliografische Information der Deutschen Nationalbibliothek:

Die Deutsche Bibliothek verzeichnet diese Publikation in der Deutschen Nationalbibliografie; detaillierte bibliografische Daten sind im Internet über http://dnb.d-nb.de/ abrufbar.

Impressum:

Druck und Bindung: Books on Demand GmbH, Norderstedt Germany
ISBN: 978-3-640-90798-4

Dieses Buch bei GRIN:

http://www.grin.com/de/e-book/171160/2-desoxyisoguanosin-synthese-desoxygenierung-und-einbau-in-oligonucleotide

UNIVERSITÄT OSNABRÜCK

INSTITUT FÜR CHEMIE
FACHBEREICH BIOLOGIE/CHEMIE

DIPLOMARBEIT

2'-Desoxyisoguanosin: Synthese, Desoxygenierung und Einbau in Oligonucleotide

vorgelegt von

Bert Gabler

aus Heidelberg

November 1993

zur Erlangung des Grades eines

Diplomchemikers

Im Fachbereich 5 - Biologie Chemie

der Universität Osnabrück vorgelegte

Diplomarbeit

von

Bert Gabler

über das Thema:

2'-Desoxyisoguanosin: Synthese, Desoxygenierung und Einbau in Oligonucleotide

Tag der Abgabe: 01.11.1993

Herrn Prof. Dr. F. Seela gilt mein besonderer Dank für die interessante Themenstellung, seine freundliche Betreuung und Unterstützung meiner Arbeit. Durch seine kritischen Betrachungen förderte er meine Selbständigkeit und mein Urteilsvermögen.

Herrn Prof. Dr. Vorbrüggen danke ich für die Übernahme des Korreferats.

Inhaltsverzeichnis

1. Einleitung 1

2. Problemstellung 3

3. Darstellung von 2'-Desoxyisoguanosin (1) und Derivaten 4

3.1. Bisherige Syntheseverfahren für 2'-Desoxyisoguanosin (**1**) 4

3.2. Eine zweistufige Synthese von 2'-Desoxyisoguanosin (**1**) ausgehend von 2'-Desoxyguanosin (**3**) 4

3.3. Darstellung von N^6-Etheno-2'-desoxyisoguanosin (**9**) 7

3.4. Spektroskopische Untersuchungen an den 2'-Desoxynucleosiden 9

3.4.1. ^{13}C-NMR Daten 9

3.4.2. Stabilität der N-glycosylischen Bindung von 2'-Desoxyisoguanosin (**1**) und seinen Derivaten 10

4. Darstellung von 2',3'-Didesoxyisoguanosin (2) 12

4.1. Desoxygenierung von 2-Chloradenosin oder 2-Chlor-2'-desoxyadenosin 12

4.2. Darstellung von 2-Chlor-2',3'-didesoxyadenosin (**20**) durch Glycosylierung von 2,6-Dichlorpurin (**23**) mit 5-O-(1,1-dimethylethyl)-dimethylsilyl)-2,3-didesoxy-D-glycero-pentofuranose (**21**) 15

4.3. Photochemische Umwandlung von 2-Chlor-2',3'-didesoxyadenosin (**20**) in 2',3'-Didesoxyisoguanosin (**2**) 18

4.4. Spektroskopische Untersuchungen an den 2',3'-Didesoxynucleosiden 19

4.4.1. ^{13}C-NMR Daten 19

4.4.2. Desaminierung von 2',3'-Didesoxyisoguanosin (**2**) und 2'-Desoxyisoguanosin (**1**) mit Adenosindesaminase 22

5. Synthese von d(iG-C)$_3$ (32) 23

5.1. Schutzgruppenstrategie und Synthese des 3'-Phosphonates 23

5.2. Festphasensynthese von d(iG-C)$_3$ (**32**) 25

5.3. Eigenschaften von d(iG-C)$_3$ (**32**) 27

6. Zusammenfassung 31

7. Experimenteller Teil 33

8. Abkürzungen und Nomenklatur 45

9. Literaturverzeichnis 47

Dank

1. Einleitung

2'-Desoxyisoguanosin (**1**) wurde kürzlich synthetisiert [1] und über sein Phosphonat mit Hilfe der Festphasensynthese in Oligonucleotide eingebaut [2]. Die erste enzymatische Inkorporation von iG_dTP am DNA-Templat durch das Klenow-Fragment der DNA-Polymerase I erfolgte gegenüber von dT und iC_d [3]. Diese Reaktion wurde auch an kürzeren Oligonucleotid-Templaten studiert und mit Hilfe der HPLC verfolgt [4].

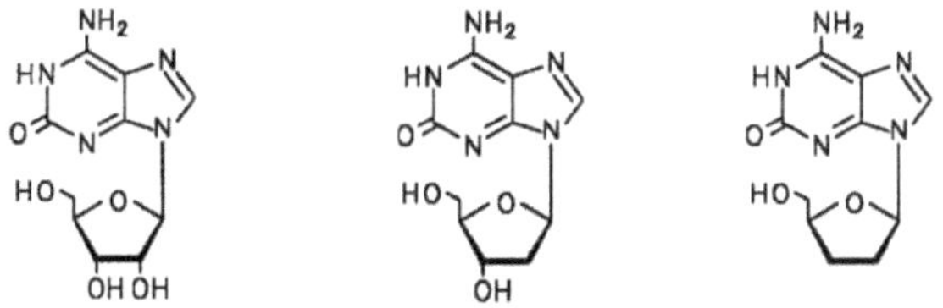

Isoguanosin **1** **2**

Beim iG_d (**1**) sind im Vergleich zum dG (**3**) die Oxo- und Aminogruppe miteinander vertauscht. Beide Nucleoside können mit dC über drei Wasserstoffbrücken basenpaaren. Durch die Inversion des Donor-Akzeptor-Musters sind die glyconischen Reste im iG_d-dC-Basenpaar zueinander gegenständig orientiert, woraus sich zwangsläufig eine parallele Anordnung der Stränge im Duplex ergibt.

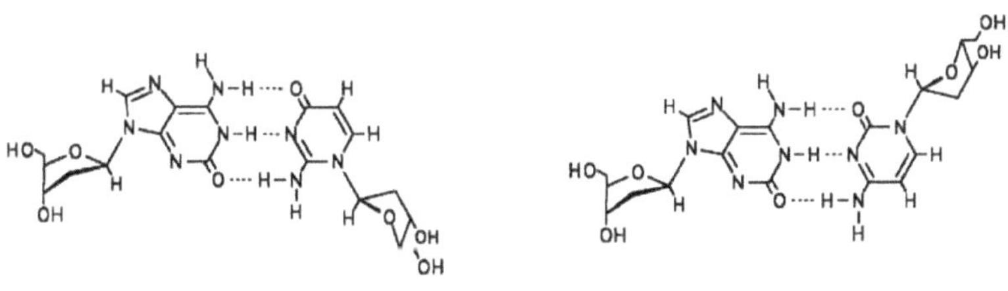

iG_d iC_d iG_d dC

Die parallele Anordnung von Einzelsträngen wurde 1986 von Pattabiraman [5] für den Duplex $(dA_6)\circ(dT_6)$ postuliert. Experimentell wurden parallele Duplexe von Jovin [6] an speziellen Sequenzen realisiert. Die Helix-Parameter wie Ganghöhe, Roll- und Tiltwinkel des parallelen und antiparallelen Duplexes sind weitgehend identisch. Sowohl ein paralleler wie auch ein antiparalleler DNA-Doppelstrang sollten bei der Basenpaarung von iG_d (**1**) möglich sein, denn es kann sowohl eine Watson-Crick- wie auch eine reverse Watson-Crick-Basenpaarung mit dT eingehen.

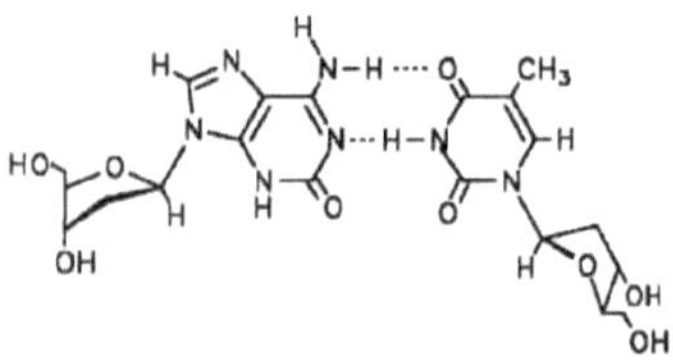

Watson-Crick-Basenpaarung

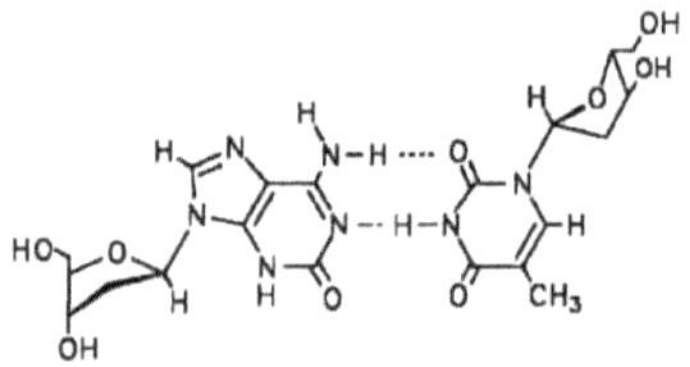

reverse Watson-Crick-Basenpaarung

Durch DNA-Polymerasen und unter Verwendung eines Primers konnte der templatabhängige antiparallele Einbau von iG_dTP nachgewiesen werden [3]. Interessant wäre in diesem Zusammenhang, ob das Triphosphat von 2',3'-Didesoxyisoguanosin (**2**) bei dieser polymerasekatalysierten DNA-Kettenverlängerung gegenüber von dT terminiert oder durch Falschbasenpaarung Kettenabbrüche an anderen Stellen hervorruft.

2. Problemstellung

Ziel der vorliegenden Arbeit ist es zunächst, eine kurze Synthese für 2'-Desoxyisoguanosin (**1**) zu entwickeln. Da die bisher beschriebenen Verfahren vielstufig sind und Glycosylierungen von heterocyclischen Basen erfordern, soll diese dadurch verkürzt werden, daß ein natürlicher DNA-Baustein als Ausgangssubstanz herangezogen wird.

Anschließend sollen Derivate von 2'-Desoxyisoguanosin (**1**) dargestellt werden; z.B. das Ethenoderivat **9**, von dem erwartet wird, daß es wie das Ethenoadenosin (**6**) Fluoreszenz zeigt. Schließlich soll 2'-Desoxyisoguanosin (**1**) in sein 2',3'-Didesoxynucleosid überführt werden. Die 2',3'-Didesoxynucleoside der herkömmlichen DNA-Bausteine eigenen sich in Form ihrer Triphosphate als Terminatoren bei der enzymkatalysierten DNA-Synthese. Sie werden deshalb in der Sanger-Sequenzierung eingesetzt. Auch besitzen sie antivirale Eigenschaften speziell gegenüber Retroviren. Da unbekannt ist, wie sich 2',3'-Didesoxyisoguanosin (**2**) in derartigen Systemen verhält, ist seine Synthese Gegenstand dieser Arbeit.

Kürzlich wurde der 2'-Desoxyisoguanosin-Phosphonatbaustein **30** synthetisiert und mit ihm durch Festphasensynthese selbstkomplementäre Oligonucleotide, die iG_d und dT enthalten, dargestellt. Diese Untersuchungen sollen auf andere Oligonucleotide übertragen werden, die iG_d und dC enthalten. In diesem Zusammenhang bleibt auch zu klären, ob entsprechende selbstkomplementäre Stränge basenpaaren, und wie stabil dann ein paralleler Duplex von $d(iG\text{-}C)_3$ im Vergleich zu dem von $d(G\text{-}C)_3$ ist.

3. Darstellung von 2'-Desoxyisoguanosin (1) und Derivaten

3.1. Bisherige Syntheseverfahren für 2'-Desoxyisoguanosin (1)

Für die Darstellung von 2'-Desoxyisoguanosin (**1**) sind bereits zwei Synthesewege bekannt [1]. Die Glycosylierung von 5-Amino-4-cyano-imidazol mit 2-Desoxy-3,5-di-O-(p-toluoyl)-α-D-erythro-pentofuranosylchlorid [30] führt in 21 % Ausbeute zum N-1 und in 45 % Ausbeute zum N-3-Nucleosid. Anschließende Reaktion mit Benzoylisocyanat und Ringschluß mit NH_3 ergibt **1** (43 %) und das N-7-Regioisomer (63 %).
Dieser Syntheseweg führt zwar zu iG_d (**1**), jedoch nur in der Nebenreaktion.
Ebenfalls kann **1** durch Photosubstitution des 2-Substituenten von 2-Chlor-2'-desoxy-adenosin (**16**) in 52 % Ausbeute erhalten werden. Allerdings muß das Edukt **16** erst in einer mehrstufigen Synthese gewonnen werden. Die UV-Eigenabsorption der Komponenten verhindert zudem eine Reaktion in konzentrierter Lösung, was einer Darstellung im größeren Maßstab abträglich ist.

3.2. Eine zweistufige Synthese von 2'-Desoxyisoguanosin (1) ausgehend von 2'-Desoxyguanosin (3)

2'-Desoxyguanosin (**3**) kann auf verschiedenen Wegen in 2-Amino-2'-desoxyadenosin (**5**) umgewandelt werden, welches eine direkte Ausgangssubstanz für iG_d (**1**) darstellt. Das Adenosinderivat **5** wurde in der DNA eines Cyanophagen gefunden [7] und bereits auf verschiedenen Wegen dargestellt:
1. Durch Glycosylierung von 6-Chlor-2-(acetylamino)-purin mit einer Halogenose [8].
2. Durch Reaktion von 2'-Desoxyguanosin (**3**) mit Trifluoressigsäureanhydrid und Pyridin über ein 6-Pyridyl-Derivat; dieses wird mit NH_3 in 6-Stellung nucleophil substituiert [9].
Diese Methoden lieferten schlechte Ausbeuten. Von Vorbrüggen [10] wurde ein anderer Weg für Darstellung von 2-Aminoadenosin beschritten, der später von Robins [11] abgeändert wurde. Diese Methode wurde am labileren 2'-Desoxyguanosin (**3**) bisher noch nicht angewandt.

2'-Desoxyguanosin (**3**) wurde zunächst mit einem Überschuß von Hexamethyldisilazan (HMDS) und Trimethylchlorsilan unterer Rückfluß persilyliert. Erst durch wiederholte Silylierung konnte ein vollständiger Umsatz erzielt werden. Das persilylierte Zwischenprodukt **4** wurde in Toluol/HMDS gelöst und mit Tris(trimethyl)silyltriflat versetzt.

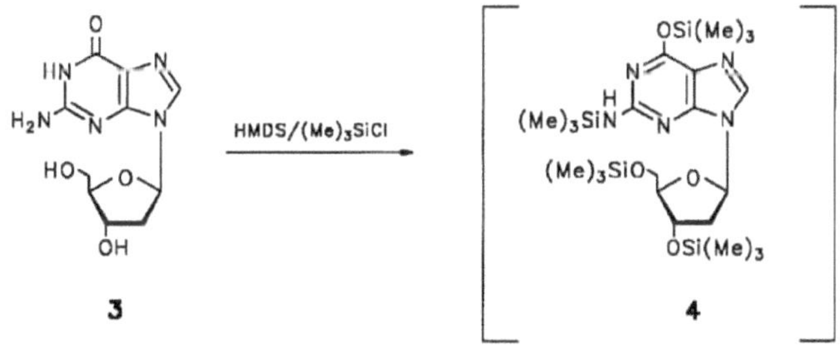

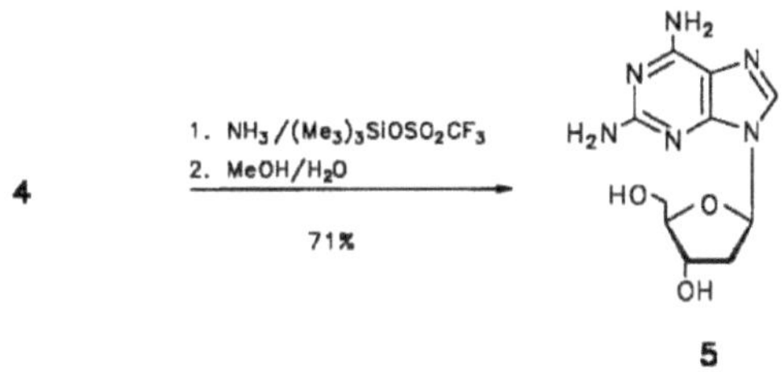

Nach Aufpressen von NH_3 wurde in einem Autoklaven 48 h bei 145°C erhitzt. Die Substitution wird durch eine Lewissäure katalysiert. Danach erfolgt die Transsilylierung durch mehrstündiges Kochen in $MeOH/H_2O$. Einengen und Auskristallisieren ergab 2-Amino-2'-desoxyadenosin (**5**) als farblosen Feststoff in 71 % Ausbeute.

Die NMR- und UV-Daten von Verbindung **5** waren mit den Literaturangaben identisch [9]. Einstrahlen auf H-1' ergab einen NOE von 1.2 % auf H-4', wodurch die ß-Konfiguration bewiesen wurde. Darüberhinaus wurde ein zusätzlicher NOE von 6.6 % auf dem cis-ständige H(α) -2' beobachtet. Bei Sättigung von H-8 resultierte ein NOE von 2.5 % auf dem H(β)-2'. Dies machte eine Zuordnung der beiden Protonen der 2'-Methylengruppe im ^{1}H-NMR möglich.

Durch Diazotierung und Verkochung bei 50 °C wurde selektiv die 2-Aminogruppe von Verbindung **5** ausgetauscht. Die 6-Aminogruppe ist gegen den Angriff von salpetriger Säure inert, dies entspricht Befunden, die bereits 1951 von Davoll [12] gemacht wurden.

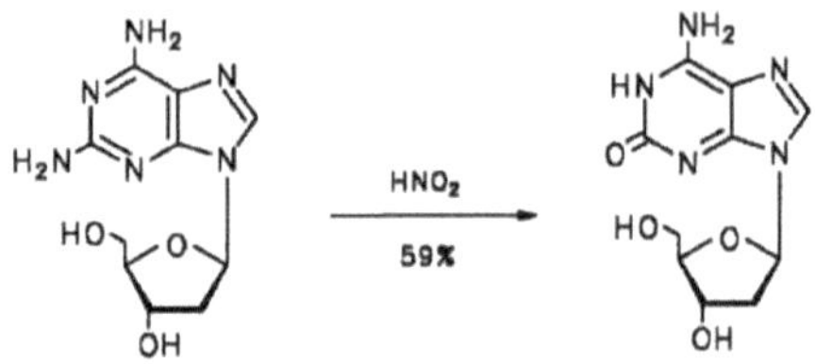

5 **1**

Nach Abtrennen der Salze wurde 2'-Desoxyisoguanosin (**1**) in 59 % Ausbeute erhalten. Das über diesen Syntheseweg erhaltene 2'-Desoxyisoguanosin (**1**) zeigte identische NMR- und UV-Daten wie eine authentische Probe, die über die Photoreaktion von 2-Chlor-2'-desoxyadenosin (**16**) dargestellt wurde [1].

3.3. Darstellung von N^6-Etheno-2'-desoxyisoguanosin (9)

Tricyclische Nucleoside entstehen durch Reaktion der exocyclischen Aminogruppe der Basen mit Halogenaldehyden.

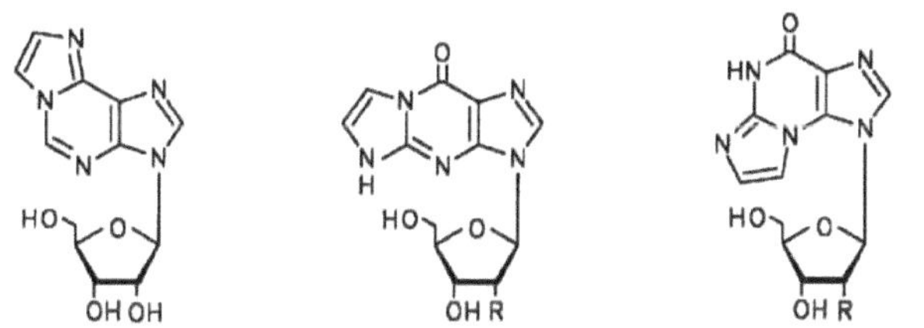

6 **7a:** R = OH **7b:** R = H **8a:** R = OH **8b:** R = H

N^6-Ethenoadenosin (**6**) ist wegen seiner Fluoreszenz in biochemischen Reaktionen von Interesse [13]; es kann jedoch keine Watson-Crick-Basenpaarung eingehen [14]. Während Adenosin nur ein Ethenoderivat bilden kann, sind beim Guanosin zwei Isomere möglich. Guanosin reagiert mit Bromacetaldehyd [15] exklusiv zum linearen 1,N^2-Ethenoguanosin (**7a**). Das anguläre N^2-3-Ethenoguanosin (**8a**) ist aus O-6-alkylierten Guanosin-Derivaten zugänglich.

Prinzipiell ist dieser Weg auch für das anguläre Isomer **8b** aus O-6-Alkyl- 2'-desoxyguanosin anwendbar, jedoch ist die Synthese von **8b** wegen der geringen Stabilität von N-3 substituierten Purin-2'-desoxynucleosiden erschwert. Deshalb wurde **8b** durch Barton-Desoxygenierung aus seinem Ribonucleosid dargestellt [16].

Bei der Reaktion von 2'-Desoxyisoguanosin (**1**) mit Chloracetaldehyd kann wie beim Adenosin nur ein Ethenoisomer entstehen. Dieses kann wie **8b** ein Basenpaar ausbilden.

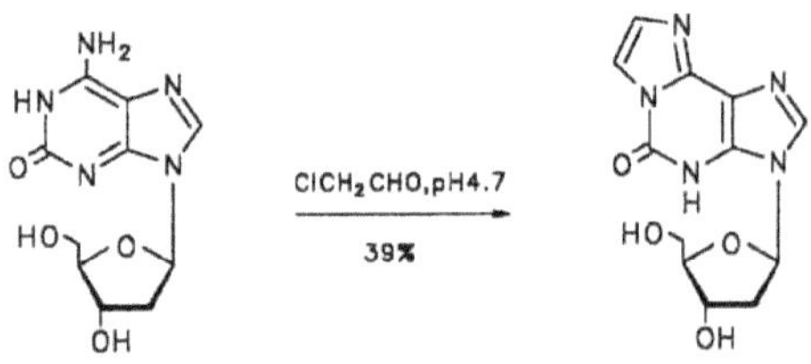

1 9

Durch Reaktion von **1** mit Chloracetaldehyd konnte N^6-Etheno-2'-desoxyisoguanosin (**9**) in 39 % Ausbeute erhalten werden. Die Substanz weist im Vergleich zur Ausgangsverbindung zwei zusätzliche Protonen bei 7.90 und 7.48 ppm auf, zwischen denen keine Kopplung sichtbar ist. Die ^{13}C-NMR-Signale sind sehr breit und zum Teil nicht nachweisbar.

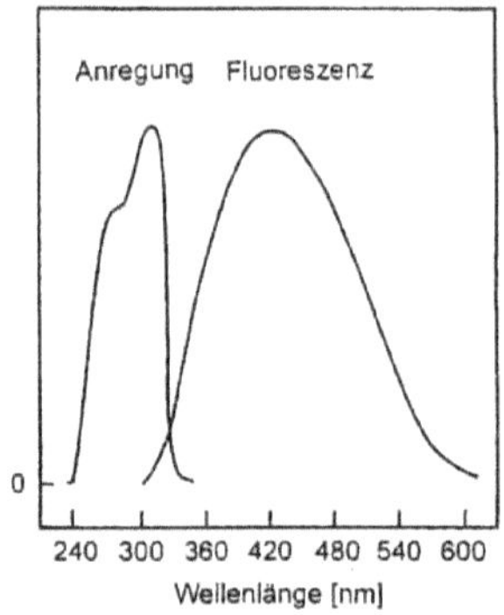

Abb. 1: Anregungs- und Emissionsspektren von **9** in H_2O

Bis auf die linearen Isomere **7a** und **7b** zeigen alle abgebildeten Etheno-Derivate Fluoreszenz. Bei Verbindung **9** stimmt das Anregungsmaximum von 300 nm mit dem Absorptionsmaximum im UV-Spektrum überein. Die Emission von **9** erfolgt bei 420 nm. Die Lage des Emissionsmaximums von **9** ist mit dem des Ethenoadenosins (**6**) identisch [17].

3.4. Spektroskopische Untersuchungen an den 2'-Desoxynucleosiden

3.4.1. ^{13}C-NMR Daten

Die Zuordnung der ^{13}C-NMR-Resonanzen erfolgte durch protonengekoppelte ^{13}C-NMR-Spektren. Beim 2'-Desoxyisoguanosin (**1**) ist die Zuordnung für C-2, C-6 und C-4 tentativ. Ferner ist in DMSO das C-4 Signal nicht sichtbar [1]. Hingegen erscheint C-4 bei den am Glycon substituierten Derivaten **11** und **27**. Die Zuordnung der Chromophorsignale von 2-Amino-2'-desoxyadenosin (**5**) wurde vom Ribonucleosid übernommen [11].

Tab. 1: ^{13}C-NMR-Verschiebung von 2-substituierten 6-Amino-purin-2'-desoxynucleosiden in [D$_6$]DMSO bei 25°C; δ-Werte bezogen auf TMS.

Verb.	C-6 a)	C-2 a)	C-4	C-8	C-5
5 b)	159.9	156.1	151.3	135.9	113.5
1 [18]	152.6	156.5	c)	137.5	109.8
10 [18]	152.1	155.7	153.6	137.7	109.2
27 b)	152.4	157.1	154.6	136.8	109.4

Verb.	C-1'	C-2'	C-3'	C-4'	C-5'	CH_3	Cq
5 b)	83.2	d)	71.1	87.8	62.1	-	-
1 [18]	83.8	d)	71.0	87.9	61.8	-	-
10 [18]	82.1	d)	70.1	86.8	64.2	26.7	18.9
27 b)	82.6	35.6	74.3	81.5	63.6	18.8	-

a) tentative Zuordnung b) zugeordnet durch ^{1}H/^{13}C-gekoppelte Spektren c) nicht sichtbar d) überlagert von DMSO

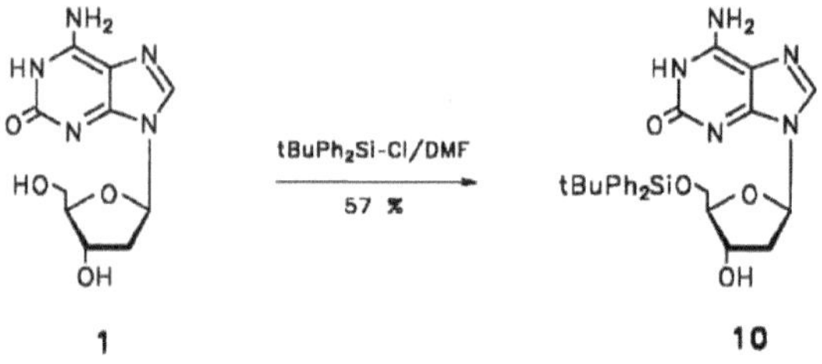

Durch Silylierung von **1** wurde Verbindung **10** erhalten. Mit den 5'-silylierten Derivaten von Nucleosiden läßt sich das Basenpaarungsverhalten mittels NMR-Spektoskopie untersuchen [19].

3.4.2. Stabilität der N-glycosylischen Bindung von 2'-Desoxyisoguanosin (1) und seinen Derivaten

In der Literatur ist belegt, daß die Stabilität der N-glycosylischen Bindung von β-D-Ribonucleosiden über 2'-Desoxy-β-D-ribonucleosiden zu den 2',3'-Didesoxy-β-D-ribonucleosiden abnimmt [20]. Die Hydrolyse kann entweder UV-spektrophotometrisch oder mittels HPLC verfolgt werden. Im folgenden wurde die Stabilität der dargestellten 2'-Desoxy- und 2',3'-Didesoxynucleoside in Salzsäure zunächst UV-spektroskopisch bestimmt.

Tab. 2: UV-spektroskopisch ermittelte Halbwertszeiten [min] von 2'-Desoxynucleosiden und 2',3'-Didesoxynucleosiden in Salzsäure bei 25 °C a) 236 nm b) 264 nm

Verb.	0.5 N HCl	0.1 N HCl	0.01 N HCl
dG (**3**)	11.0 [21]		
ddG		37.0 [22]	
iG_d (**1**)$^{a)}$	1.0	8.0	
iG_{dd} (**2**)$^{a)}$		<0.2	2.0
CdA (**16**)$^{b)}$	10.0		
CddA (**20**)$^{b)}$		2.0	

Wie zu erwarten, sind die 2'-Desoxynucleoside stabiler als die 2',3'-Didesoxynucleoside. 2',3'-Didesoxyisoguanosin (**2**) ist in 0.1 M HCl deutlich labiler als ddG. Auch 2'-Desoxyisoguanosin (**1**) besitzt in 0.5 M Salzsäure eine um den Faktor 10 geringere Stabilität als 2'-Desoxyguanosin (**3**). Nachfolgend wurde die Stabilität von **1** im Vergleich zu **3** in 0.1 M HCl durch HPLC-Analyse bestimmt.

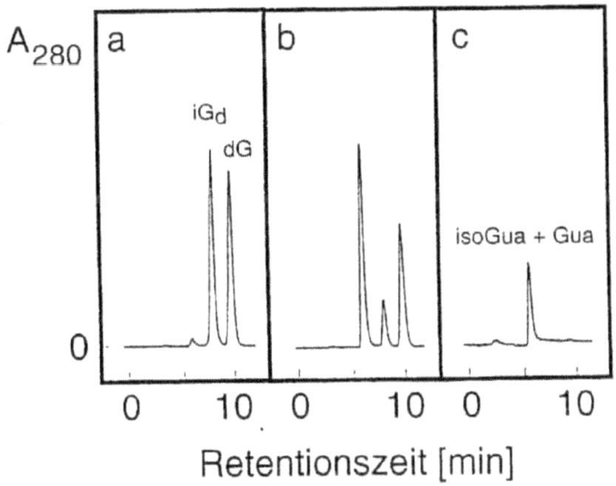

Abb. 2: HPLC-Profile von (a) iG_d (**1**) und dG (**3**) (b) nach 20 min in 0.1 M Salzsäure bei 25°C (c) Mischung aus Isoguanin und Guanin. (Gradient IV, Flußrate 0.6 ml/min, 6 x 250 mm RP-18 LiChrosorb-Säule).

Nach 20 min Behandlung in 0.1 M Salzsäure waren beide Nucleoside teilweise hydrolysiert (Abb 2b). Hierbei depurinierte iG_d (**1**) schneller als dG (**3**). Bei dem zusätzlich gebildeten Produkt (Retentionszeit 6 min), handelte es sich um Isoguanin (isoGua) und Guanin (Gua), wie durch Abb. 2c belegt wird. Durch Integration der Peakflächen der HPLC-Chromatogramme, von denen hier nur Abb. 2b gezeigt wird, ließ sich eine Halbwertszeit für 2'-Desoxyisoguanosin (**1**) von 7.5 min bestimmen. Hierdurch konnte die Halbwertszeit der UV-spektrophotometrisch verfolgten Hydrolyse (Tab. 2) verifiziert werden. In früheren Messungen war iG_d (**1**) stabiler als dG (**3**), was hiermit korrigiert werden muß.

4. Darstellung von 2',3'-Didesoxyisoguanosin (2)

2'-Desoxyisoguanosin (**1**) aggregiert in Wasser und bildet Gele. In aprotischen Solvenzien zeigt es nur eine geringe Löslichkeit. Deshalb ist es günstig, bei der Darstellung von 2',3'-Didesoxyisoguanosin (**2**) so zu verfahren, daß man erst das 2',3'-Didesoxynucleosid einer Vorstufe darstellt, die eine unproblematisch zu handhabende Base enthält, die dann direkt in 2',3'-Didesoxyisoguanosin (**2**) umgewandelt werden kann.

Ein 2-Halogensubstituent läßt sich in 6-Aminopurinnucleosiden durch nucleophile Photosubstitution austauschen; wird die Reaktion in Wasser durchgeführt, so sind Isoguanosinderivate zugänglich [1] [23]. Als Ausgangssubstanz für die Darstellung von 2',3'-Didesoxyisoguanosin (**2**) wurde deshalb 2-Chlor-2',3'-didesoxyadenosin (**20**) gewählt. Zwei Synthesewege wurden zu seiner Darstellung beschritten:

1. Die Barton-Desoxygenierung ausgehend von 2-Chlor-2'-desoxyadenosin (**16**)
2. Die Glycosylierung von 2,6-Dichlorpurin (**23**) mit dem Didesoxyzucker **21**, gefolgt von selektiver Substitution des 6-Chlorsubstituenten durch NH_2.

4.1. Desoxygenierung von 2-Chloradenosin oder 2-Chlor-2'-desoxyadenosin (16)

Zur Darstellung von 2',3'-Didesoxynucleosiden kann sowohl von 2'-Desoxynucleosiden als auch von Ribonucleosiden ausgegangen werden. Rosowsky et al. [24] haben das cyclische Thiocarbonat von 2-Chloradenosin (**11**) im Sinne der Corey-Winter-Reaktion mit 1,3-Dimethyl-2-phenyl-1,3,2-diazaphospholidin [25] zu 2-Chlor-2',3'-didesoxydidehydroadenosin **12** umgesetzt. Hingegen führte die Reaktion von **11** mit Bu_3SnH nach Barton und Subramanian [26] zu den beiden Desoxynucleosiden **13** und **14** sowie dem methylenverbrückten Derivat **15**.

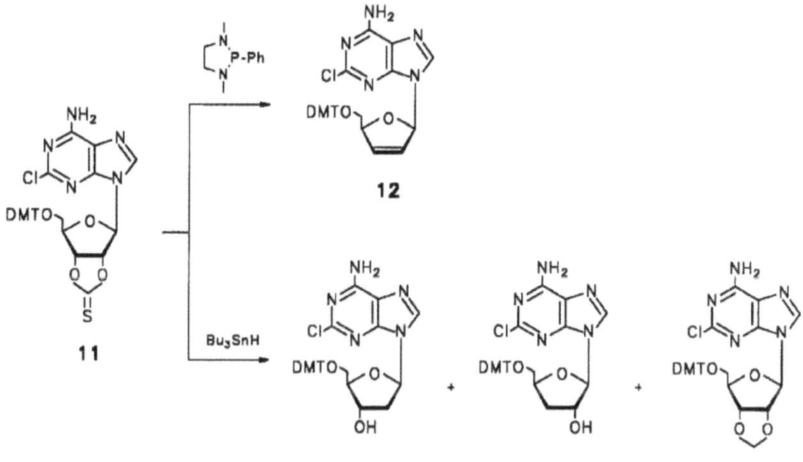

11 12 13 14 15

Das Gemisch der Desoxynucleoside **13** und **14** wurde erneut mit Bu_3SnH desoxygeniert und nach Detritylierung 2-Chlor-2',3'-didesoxyadenosin (**20**) erhalten. Dieses ist jedoch auf diesem Weg schlecht zugänglich und wurde auch nur unzulänglich charakterisiert.

Zuerst sollte **20** durch Barton-Desoxygenierung [27] von 2-Chlor-2'-desoxyadenosin (**16**) [28] dargestellt werden. Letzteres wurde nach Kazimierczuk et al. [29] aus 2,6-Dichlorpurin (**23**) und 2-Desoxy-3,5-di-O-(p-toluoyl)-α-D-erythro-pentofuranosylchlorid [30] synthetisiert. Austausch des 6-Chlorsubstituenten durch NH_2 führte nach Detoluoylierung zu **16** und seinem N-7-Regioisomer. Dieses wurde anschließend in Pyridin silyliert. Allerdings wurde das Reaktionsprodukt **17** beim Eindampfen durch Pyridiniumchlorid nahezu vollständig depuriniert. Neutralisiert man hingegen zuerst mit einer wäßr. $NaHCO_3$-Lösung und extrahiert das Produkt mit Dichlormethan, so konnte **17** in 83 % Ausbeute erhalten werden. Letzteres wurde durch Acylierung mit Phenoxythiocarbonylchlorid [31] in Gegenwart von N,N-Dimethyl-4-aminopyridin als Base in den Thiokohlensäurediester **18** überführt. Dieser wurde mit Bu_3SnH in Toluol unter Zusatz von AIBN desoxygeniert, wodurch **19** in 63 % Ausbeute entstand. Der 2-

Chlorsubstituent wurde unter diesen Bedingungen nicht angegriffen. Nach Desilylierung von Verbindung **19** mit Bu_4NF in THF war kristallines 2-Chlor-2',3'-didesoxyadenosin (**20**) in einer Ausbeute von 67 % (27 % bezogen auf **16**) zugänglich.

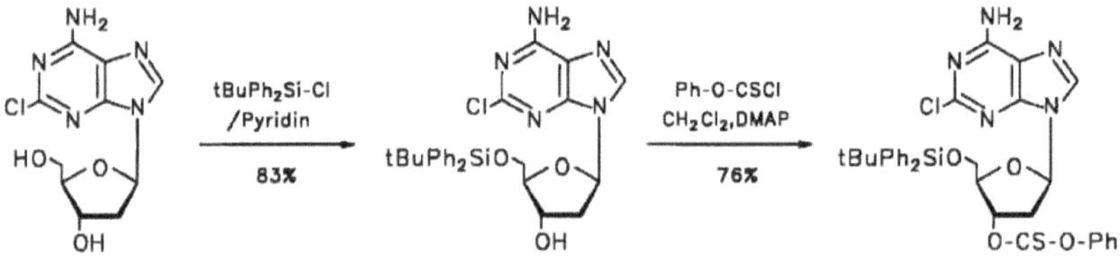

16 **17** **18**

18

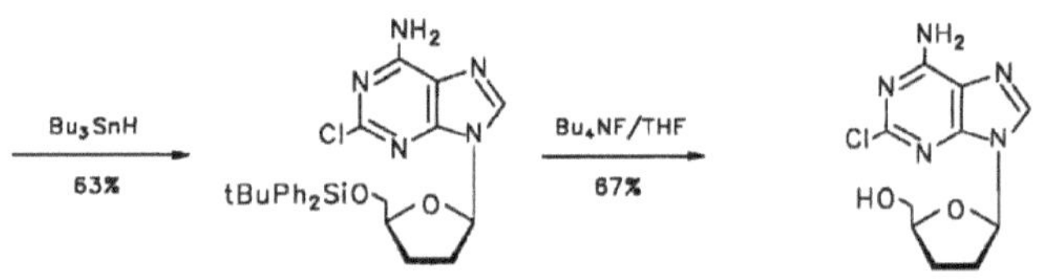

19 **20**

Die Identifizierung von 2-Chlor-2',3'-didesoxyadenosin (**20**) erfolgte durch NMR-Spektroskopie und Elementaranalyse. Die ß-Konfiguration von 2-Chlor-2',3'-didesoxyadenosin (**20**) wurde mittels NOE-Spektroskopie bewiesen: Sättigung von H-1' ergab einen NOE von 1.9 % auf H-4'. Die Substanz hatte einen Schmelzpunkt von 185°C. Das UV-Spektrum stimmte mit dem von 2-Chlor-2'-desoxyadenosin (**16**) überein.

4.2. Darstellung von 2-Chlor-2',3'-didesoxyadenosin (20) durch Glycosylierung von 2,6-Dichlorpurin (23) mit 5-O-(1,1-dimethylethyl)-dimethylsilyl)-2,3-didesoxy-D-glycero-pentofuranose (21)

Zur Darstellung von 2-Chlor-2',3'-didesoxyadenosin (**20**) bietet sich als Alternative auch die konvergierende Synthese an. Für die Glycosylierung kann entweder 2,6-Dichlorpurin (**23**) oder 6-Amino-2-chlorpurin als Base eingesetzt werden. Da letzteres in MeCN schlecht löslich ist, wurde **23** ausgewählt und der Austausch des 6-Chlorsubstituenten auf der Nucleosidstufe durchgeführt.

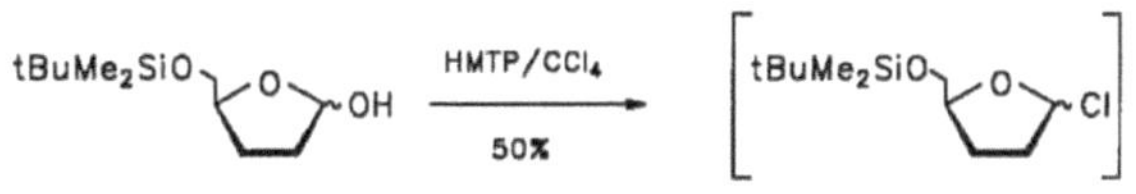

21 **22**

Das Lactol (**21**) wurde über eine vierstufige Synthese aus L-Glutaminsäure dargestellt [32]. Die Halogenose **22** bildete sich bei -78°C durch eine Chlorierung im Zweikomponentensystem HMTP/ CCl_4 [33] [34]. Die Glycosylierung von 2,6-Dichlorpurin (**23**) mit der Halogenose (**22**) erfolgte über das Anion von **23**, das in MeCN in Gegenwart von NaH generiert wurde. Die Reaktion führte zu den anomeren N-9 Glycosylierungsprodukten **24a/24b**. Diese wurden an Kieselgel getrennt und **24a** in 23 % und **24b** in 10 % Ausbeute isoliert. Die N-7 glycosylierten Produkte waren nicht nachzuweisen. Entweder wurden diese bei der Glycosylierung nicht gebildet oder sind so labil, daß sie wieder zerfallen.

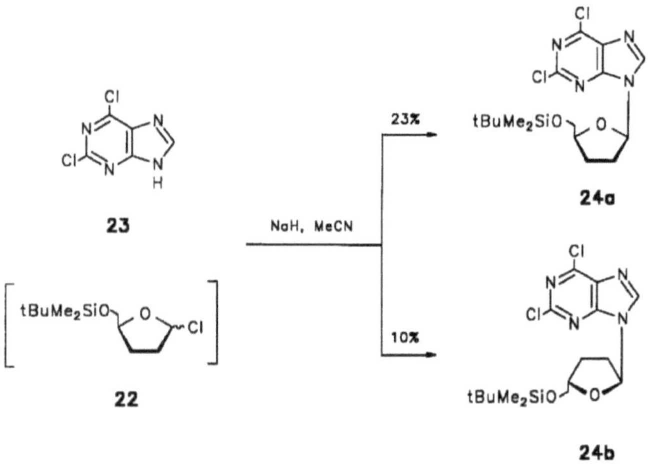

Verbindung **24a** wie auch **24b** konnten nicht in die entsprechenden Nucleoside umgewandelt werden. Bei der Desilylierung mit Bu_4NF entstehen mehrere Substanzen. Offenbar ist der 6-Chlorsubstituent leicht austauschbar und kann durch andere Nucleophile (z.B. Fluorid) ersetzt werden. Darüberhinaus sind die 2,6-Dichlornucleoside **24a** und **24b** an der N-glycosylischen Bindung sehr labil. 2,6-Dichlorpurin-2',3'-didesoxynucleoside sind unter milden Bedingungen wie der enzymatischen Transglycosylierung zugänglich [35].

Um die Glycosylierung mit der labilen Halogenose **22** zu umgehen, wurden 2,6-Dichlorpurin (**23**) und das Lactol **21** direkt im Sinne einer Mitsunobu-Reaktion [36] umgesetzt. Hierzu wurde **21** in THF mit Triphenylphosphin unter Zusatz von Diisopropyldiazo-carboxylat in das Triphenylphosphoniumsalz überführt. Dadurch wurde die nucleophile Substitution am anomeren Kohlenstoff von **21** durch 2,6-Dichlorpurin (**23**) möglich. Nach 12h wurde die Lösung eingedampft und mit NH_3/MeOH versetzt, um den 6-Substituenten der 2,6-Dichlor-2',3'-didesoxynucleoside **24a**/**24b** selektiv gegen NH_2 auszutauschen.

Die so erhaltenen anomeren 6-Amino-2-chlor-2',3'-didesoxynucleoside **25a/25b** ließen sich auf der geschützen Stufe trennen. Hierdurch war **25a** in 23 % und **25b** in 11 % Ausbeute zugänglich. Zwei anfänglich im DC langsamer laufende Zonen waren nach präparativer Chromatographie an Kieselgel nicht mehr nachweisbar. Dies läßt vermuten, daß sich die N-7 glycosylierten Verbindungen zwar gebildet hatten, jedoch offenbar so labil sind, daß sie bei der Aufarbeitung zerfallen. Das Ausbleiben der N-7 glycosylierten Produkte unter Mitsunobu-Bedingungen deckt sich mit den Befunden von Szarek et al. [37]. Die Desilylierung von **25a** führte zu 2-Chlor-2',3'-didesoxyadenosin (**20**). Dieses war mit der durch Desoxygenierung dargestellten Verbindung identisch.

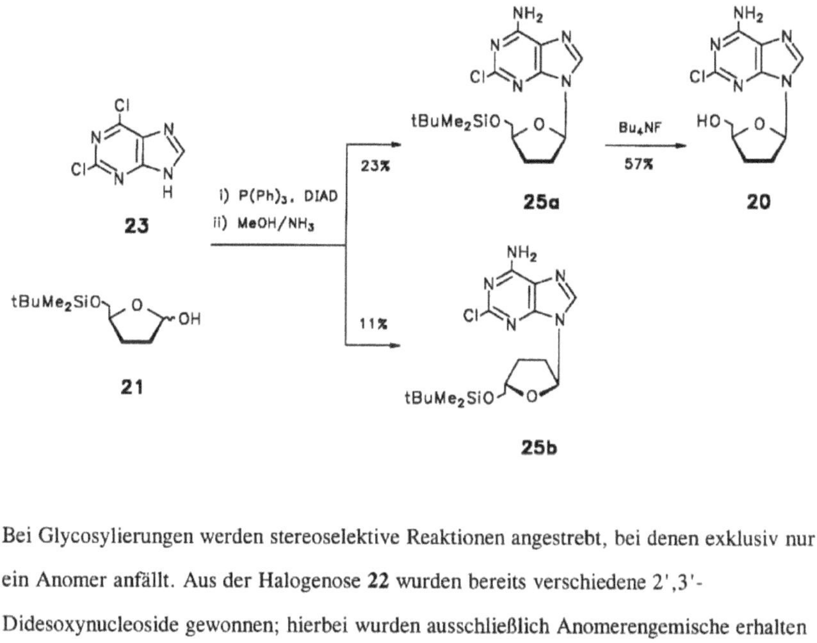

Bei Glycosylierungen werden stereoselektive Reaktionen angestrebt, bei denen exklusiv nur ein Anomer anfällt. Aus der Halogenose **22** wurden bereits verschiedene 2',3'-Didesoxynucleoside gewonnen; hierbei wurden ausschließlich Anomerengemische erhalten [38]. Desweiteren konnte durch frühere Untersuchungen gezeigt werden, daß der Didesoxyzucker **21** ebenfalls als Anomerengemisch vorliegt [39].

4.3. Photochemische Umwandlung von 2-Chlor-2',3'-didesoxyadenosin (20) in 2',3'-Didesoxyisoguanosin (2)

Verbindung **20** wurde in wäßr. Lösung bei 254 nm bestrahlt, wodurch der 2-Chlorsubstituent durch H_2O substituiert wird und 2',3'-Didesoxyisoguanosin (**2**) entsteht. Der Zusatz von NH_3 neutralisiert entstehendes HCl und verhindert die Hydrolyse der N-glycosylischen Bindung. Bereits nach 25 min war die Umsetzung vollständig (Abb. 3).

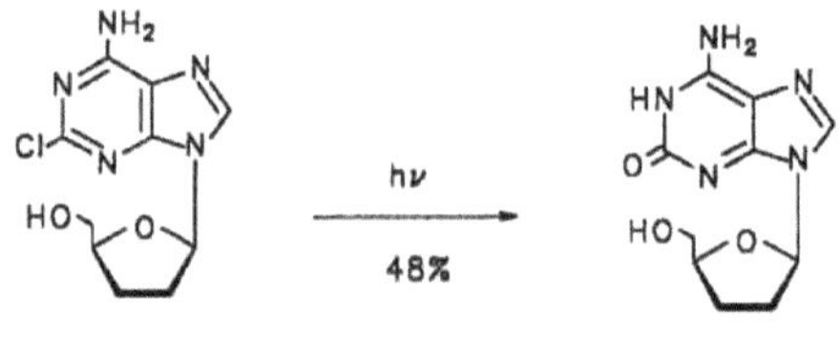

20 **2**

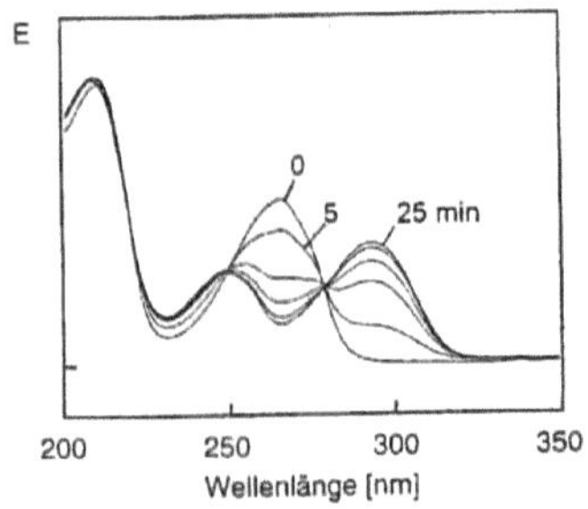

Abb. 3: Zeitabhängiges UV-Spektrum bei Bestrahlung von **20** mit einer 4 W Quecksilber Resonanzlampe in einer 10 mm Quarz-Küvette, 10 mM Phosphatpuffer, pH 7.

Das bei der Photoreaktion gebildete NH_4Cl ließ sich über eine hydrophobe Chromatographiesäule (Serdolit) abtrennen. Wie in Kapitel 3.4.2 berichtet wurde, zeigte 2',3'-Didesoxyisoguanosin (**2**) eine geringere Stabilität als 2',3'-Didesoxyguanosin. Darüberhinaus neigt das 2',3'-Didesoxynucleosid **2** wie die 2'-Desoxy- und Riboverbindung in wäßr. Lösung zur Gelbildung.

4.4. Spektroskopische Untersuchungen an den 2',3'-Didesoxynucleosiden

4.4.1. ^{13}C-NMR Daten

Die Glycosylierungsposition der 2,6-Dichlor-2',3'-didesoxynucleoside **24a** und **24b** läßt sich aus der ^{13}C-Verschiebung der Chromophorsignale eindeutig als N-9 bestimmen. Beim 2,6-Dichlor-N-7-methylpurin ist im Vergleich zu seinem N-9-Methylderivat das C-4-Signal um 11 ppm nach tiefem und das C-5-Signal um 9 ppm nach hohem Feld verschoben [40]. Da die chemische Verschiebung von C-4 und C-5 bei **24a** und **24b** weitgehend mit 2,6-Dichlor-N-9-methylpurin übereinstimmen, ist deren Struktur abgesichert (Tab. 3).

Im ^{13}C-NMR-Spektrum zeigen die anomeren 6-Amino-2-chlor-2',3'-didesoxynucleoside **25a** und **25b** die gleiche chemische Verschiebung der Basensignale wie 2-Chlor-2'-desoxyadenosin (**16**) [1], deshalb sind auch **25a** und **25b** die N-9 glycosylierten Verbindungen (Tab. 3).

Tab. 3: ^{13}C-NMR-Verschiebung der 2 substituierten 2',3'-didesoxy-Adenosinucleosiden und Vorstufen in [D_6]DMSO bei 25°C; δ-Werte bezogen auf TMS.

Verb.	C-6	C-2	C-4	C-8	C-5
16 [1]	156.8[a)]	153.0[a)]	150.0	139.8	118.1
17[b)]	156.9	153.1	150.1	139.8	118.4
18[b)]	156.9	153.1	150.2	139.8	118.4
19[b)]	156.9	153.1	150.0	139.3	118.3
20[b)]	156.8	153.0	149.9	139.5	118.2
2,6-Dichlor-N-7-methyl-purin	144	153	164	151	122
2,6-Dichlor-N-9-methyl-purin	152	153	153	146	131
24a	149.7	152.7	151.0	146.3	131.1
24b	148.8	152.7	151.3	146.6	131.1
25a[b)]	156.8	153.0	149.9	139.3	118.2
25b[b)]	156.9	152.9	150.0	139.7	118.4
2[b)]	152.5	156.6	c)	137.2	109.4

Verb.	C-1'	C-2'	C-3'	C-4'	C-5'	$3CH_3$	Cq	CH_3
16 [1]	83.5	d)	70.7	88.2	63.3			
17	83.5	d)	70.2	87.1	64.1	26.7	18.9	
18	84.3a)	35.6	84.0a)	83.9a)	64.0	26.7	18.9	
19	84.4	31.3	25.7	81.5	65.4	26.7	18.8	
20e)	84.5	31.9	25.6	82.0	62.8			
24a	85.6	31.7	24.9	82.3	64.0	25.9	18.1	-5.4
24b	86.1	31.3	25.8	81.1	65.0	25.9	18.1	-5.2,-5,3
25a	84.4	31.7	25.3	81.6	64.3	25.9	18.2	-5.4
25b	84.8	31.1	26.1	80.7	65.1	25.9	18.0	-5.2,-5,3
2	84.0	31.8	25.7	81.4	63.0			

a) tentative Zuordnung b) zugeordnet analog zum 2'-Desoxynucleosid c) nicht sichtbar d) überlagert von DMSO e) zugeordnet durch $^1H/^{13}C$-gekoppelte Spektren

Das durch Entschützung des ß-Anomeren **25a** erhaltene 6-Amino-2-chlor-2',3'-didesoxyadenosin (**20**) zeigte identische NMR-Daten mit der über die Desoxygenierung dargestellten Verbindung, deren β-Konfiguration durch NOE-Spektroskopie nachgewiesen wurde. Für die 6-Amino-2-chlornucleoside **25a** und **25b** erweist sich deshalb eine empirische Regel [41] zur Anomerenzuordnung als richtig (Tab 4). Kommt die heterocyclische Base in die Nähe von Zuckerprotonen, so werden diese entschirmt. Durch diesen anisotropen Effekt der Base erscheint das 4'-Proton bei α-Anomeren bei tieferem Feld als das des β-Anomeren. Im Gegensatz dazu weisen die beiden H-5' Protonen beim α-Anomeren eine Hochfeldverschiebung im Vergleich zum β-Anomeren auf.

Tab. 4: ^{1}H-NMR-Verschiebung von H-4' und H-5' der geschützten anomeren 2,6-Dichlor- (**24a**, **24b**) und 6-Amino-2-chlor-2',3'-didesoxynucleosiden (**25a**, **25b**).

Verbindung	Konfiguration	δ (H-4')	δ (H_2-5')
24a	β	4.19	3.77
24b	α	4.50	3.63
25a	β	4.13	3.74
25b	α	4.41	3.62

Da bei den anomeren 6-Amino-2-chlor-2',3'-didesoxynucleosiden **25a** und **25b** nur die 6-Aminogruppe gegenüber den anomeren 2,6-Dichlor-2',3'-didesoxynucleosiden **24a** und **24b** verändert ist, erfolgte die Anomerenzuordnung für **24a** und **24b** auf gleiche Weise.

4.4.2. Desaminierung von 2',3'-Didesoxyisoguanosin (2) und 2'-Desoxyisoguanosin (1) mit Adenosindesaminase

Durch Adenosindesaminase (ADA) wird die 6-Aminogruppe von Adenosin durch eine OH-Gruppe ersetzt. Isoguanosin wird durch ADA in Xanthosin überführt [42]. Nachfolgend wurde deshalb nachgeprüft, ob 2'-Desoxyisoguanosin (**1**) und 2',3'-Didesoxyisoguanosin (**2**) ebenfalls zu dem entsprechenden Xanthosinderivaten umgewandelt werden (Abb. 4).

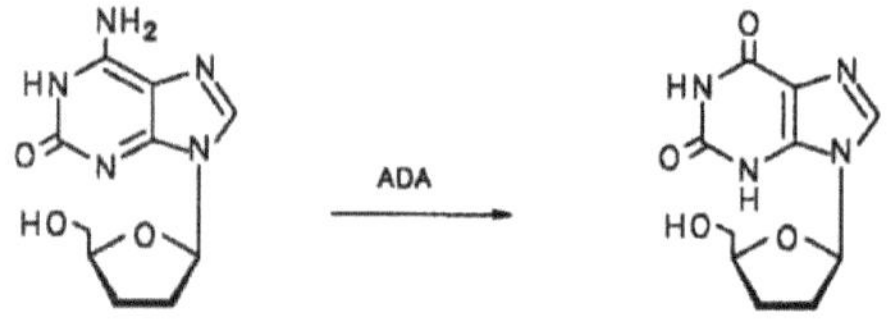

2 **26**

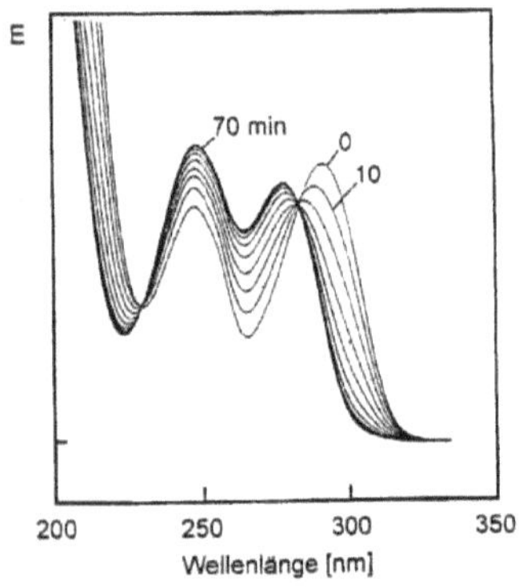

Abb. 4: Zeitabhängige UV-Spekten [min] der ADA katalysierten Desaminierung von 2',3'-Didesoxyisoguanosin (**2**) zu 2',3'-Didesoxyxanthosin (**26**) bei 25°C in H_2O, in einer 1 ml Küvette. Probe und Vergleich enthalten 20 µl Adenosindesaminaselösung.

Das Produkt bei der ADA-katalysierten Desaminierung (Abb.4) zeigte ein mit Xanthosin identisches UV-Spektrum. Die Umwandlung war nach 70 min abgeschlossen. Die Desaminierung von iG_d (1) zum dX war im gleichen Zeitraum abgeschlossen, auch hier wurde die Änderung des UV-Spektrums beobachtet.

5. Synthese von d(iG-C)3 (32)

5.1. Schutzgruppenstrategie und Synthese des 3'-Phosphonates

Die 6-Aminogruppe von 2'-Desoxyisoguanosin (**1**) besitzt eine geringere Basizität als die von dA oder dG. Deshalb ist ihre Acylierung schwieriger. Dies wird durch frühere Versuche der Acylierung an N-1-Methylisoguanosin (Doridosin) belegt [43]. Auch führte die Reaktion von iG_d (**1**) mit Isobuttersäurechlorid in Pyridin [44] zum 3',5'-O-Bisisobutyrylderivat **27**, ohne daß die Aminogruppe acyliert wurde. Die Struktur von Verbindung **27** konnte durch die Tieffeldverschiebung von C-3' um 3.3 ppm und C-5' um 1.8 ppm im ^{13}C-NMR bestätigt werden. Die Chromophorsignale waren im Vergleich zu 2'-Desoxyisoguanosin (**1**) unverändert. Acetylierung am Isoguanosin führte ebenfalls zu der nur am Ribofuranosylrest acetylierten Verbindung [45].

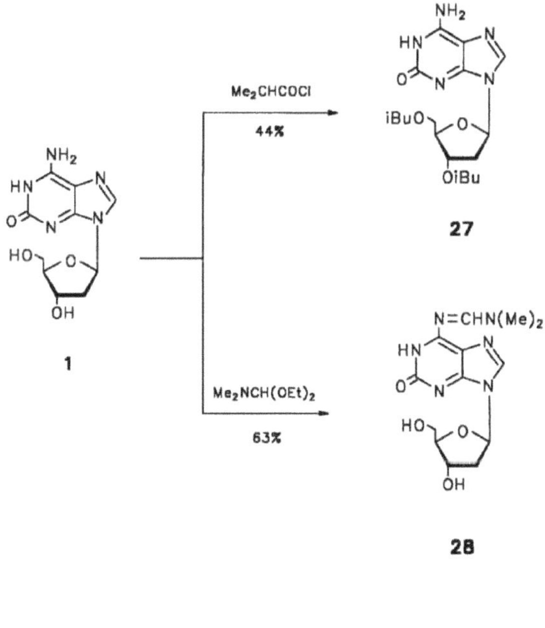

1 **27** **28**

Deshalb wurde auf das formamidingeschützte Derivat **28** zurückgegriffen. Die Formamidinschutzgruppe stabilisiert darüberhinaus die N-glycosylische Bindung [46]. Die Nachteile dieser Schutzgruppe sind eine gewisse Säurelabilität, auch wurde bereits vereinzelt die Hydrolyse zum N-Formylderivat beobachtet [47]. Kürzlich wurde auch vom Verlust der Formamidinschutzgruppe bei der H-Phosphonatsynthese herkömmlicher Nucleoside berichtet [48].

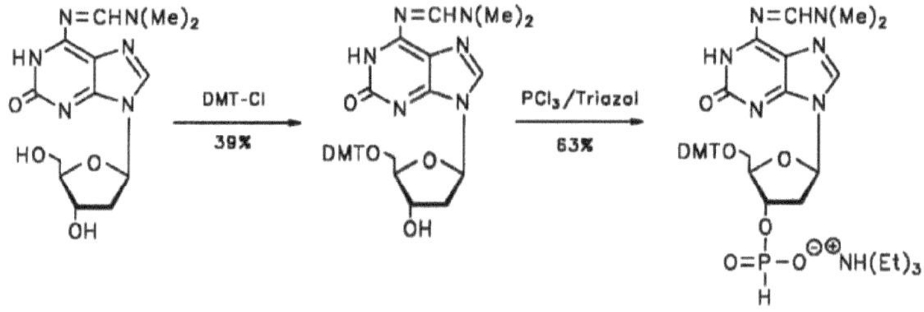

28 **29** **30**

Anschließend wurde Verbindung **28** durch Dimethoxytritylierung in Pyridin in Verbindung **29** umgewandelt [2]. Durch Zusatz von Tetrabutylammoniumperchlorat konnte die Ausbeute nicht gesteigert werden. Hingegen konnten bei der Dimethoxytritylierung von Isoguanosin bei 60 °C eine höhere Ausbeute (70 %) erzielt werden [49]. Nachfolgend wurde das DMT-Derivat **29** mit PCl_3/Triazol phosphityliert. Anschließende Hydrolyse mit TBK-Puffer ergab den Baustein **30**. Dieser wurde durch Vergleich mit einer authentischen Probe [2] identifiziert. Die Festphasensynthese mittels Phosphonaten hat gegenüber den Phosphoramiditen den Vorteil, daß sich der bei der Kupplung im Überschuß eingesetzte Baustein zurückgewinnen läßt.

5.2. Festphasensynthese von $d(iG\text{-}C)_3$ (32)

Bislang wurden nur Oligonucleotide dargestellt, die neben iG_d (**1**) entweder dA oder dT enthalten. Wie bereits in Kapitel 1 dargelegt, kann erwartet werden, daß iG_d (**1**) mit dC basenpaart. Deshalb wurde die Synthese von $d(iG\text{-}C)_3$ (**32**) in Angriff genommen. Die Darstellung erfolgte durch Festphasensynthese im 1 µmol-Maßstab. Hierfür wurden folgende Syntheseschritte durchgeführt:

1. Detritylierung des am 3'-Ende gebundenen dC-Trägers mit 2.5 % Dichloressigsäure
2. Aktivierung der Phosphonate **30** oder $[(MeO)_2Tr]bz^4C_d$ (**31**) durch Pivaloylchlorid und anschließende Kupplung in MeCN/Pyridin mit 10-fachem Überschuß an Kupplungsreagens.

Wie Abb. 5 zeigt, wurde hierbei kein signifikanter Unterschied in der Kupplungsausbeute zwischen der Kupplung von **30** im Vergleich zu **31** beobachtet. Hingegen war bei der Oligoribonucleotidsynthese bei der Kupplung an die 5'-OH-Gruppe von Isoguanosin ein deutlicher Abfall der Kupplungsausbeute eingetreten [49].

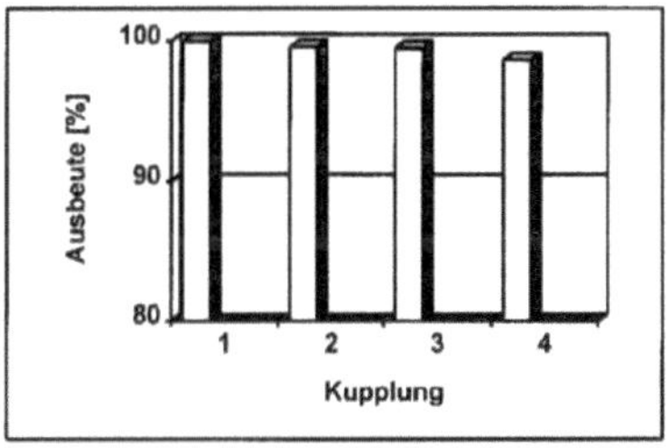

Abb. 5: Kupplungsausbeute bei der Festphasensynthese von **32**. Die Extinktion der roten Lösung des DMT-Kations wurde bei 498 nm unter Zugabe von Toluolsulfonsäure gemessen. Die Detritylierung nach der Kupplung an den dC-Träger wurde gleich 100 % gesetzt.

3. Oxidation der Phosphonatdiesterbindung mit Iod zur Phosphordiesterbindung.

Bei der früher verwendete wäßr. Oxidationslösung von I_2 in THF mit Pyridin als Base disproportioniert Iod in Iodid und Iodat. Da Iodat in alkalischer Lösung ein schwaches Oxidationsmittel ist, resultiert eine unvollständige Oxidation. Die Disproportionierung kann durch getrennte Lösungen von I_2 und wäßr. Base umgangen werden [50]. Zusätzlich wird die Oxidation mit I_2 in zwei Stufen durchgeführt. Zunächst wird in Gegenwart einer schwachen Base (N-Methylmorpholin) oxidiert, danach erfolgt die vollständige Oxidation in Anwesenheit von $N(Et)_3$. Auf diese Weise wird der Spaltung der Phosphonatdiesterbindung entgegengewirkt.

4. Abspaltung vom Träger
5. Entschützung und HPLC-Aufreinigung

Die Zusammensetzung des Oligomers wurde durch enzymatische Hydrolyse und anschließende HPLC-Auftrennung der Hydrolyseprodukte bestimmt (Abb. 6c). Das Oligomer **32** wurde zuerst mit Schlangengift-Phosphordiesterase an der Phosphordiesterbindung hydrolysiert und die 5'-Monophosphate anschließend durch alkalische Phosphatase zu den Nucleosiden dephosphoryliert. Nach Auftrennung durch HPLC an RP-18-Kieselgel wurde die Nucleosidzusammensetzung durch Integration der entsprechenden Peakfächen über die molaren Extinktionskoeffizienten berechnet.

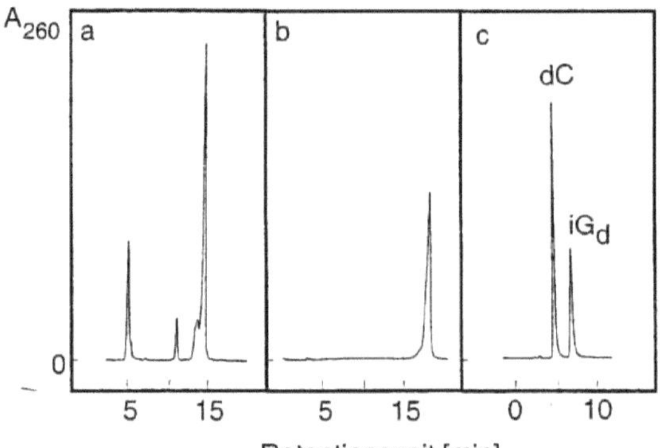

Abb. 6: HPLC-Elutionsprofile von d(iG-C)$_3$ (**32**) (a) DMT-Derivat (Gradient I, Flußrate 1 ml/min) (b) nach erfolgter Detritylierung (Gradient II, 1 ml/min Flußrate) (c) nach Totalhydrolyse von **32** durch Schlangengift und alkalischer Phosphatase (Gradient IV, Flußrate 0.6 ml/min, 6 x 250 mm RP-18 LiChrosorb-Säule).

5.3. Eigenschaften von $d(iG\text{-}C)_3$ (32)

Verbindung **32** bildet einen Duplex. Dies wird durch die Schmelzkuve in Abb. 7 belegt, die einen T_m-Wert von 29 °C aufweist. Diese Befunde belegen, daß iG_d mit dC ein Basenpaar ausbildet, was jedoch nur unter paralleler Anordung der Stränge möglich ist.

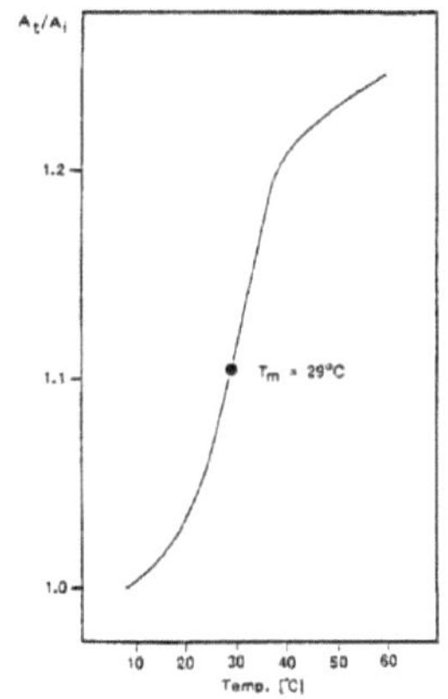

Abb. 7: Schmelzkurve von **32** (5 µM) bei 280 nm. A_t/A_i: Verhältnis der Absorption bei der Temperatur T zur Absorption bei Anfangstemp. A_i in 1M NaCl, 0.1 M $MgCl_2$, 60 mM Cacodylat-Puffer (pH 7).

Abb. 8 zeigt die Basenpaare von dG und dC (a) im Vergleich zu iG_d und dC (b). Während in (a) die Einzelstränge antiparallel zueinander orientiert sind, weisen sie in (b) eine parallele Anordnung auf.

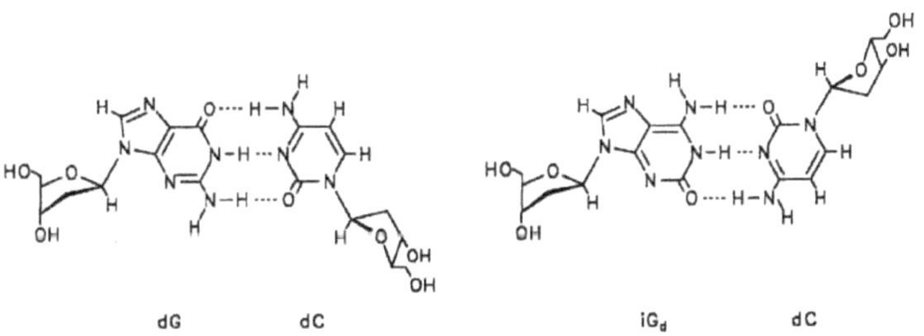

Abb. 8: (a) dG-dC Watson-Crick- (b) *reverse* iG_d-dC Watson-Crick-Basenpaarung

Da alternierende iG_d-dC-Sequenzen nur unter paralleler Strangorientierung selbstkomplementär sind, kommt es zu einer Strangverschiebung um eine Mononucleotideinheit im Duplex von $d(iG\text{-}C)_3$ (Abb 9a). Dies führt zu dem Verlust eines Basenpaares im Vergleich zu dem Duplex von $d(G\text{-}C)_3$ (Abb. 9b).

5'-d(iG-C-iG-C-iG-C)-3' 5'-d(iG-C-iG-C-iG-C)-3'	5'-d(G-C-G-C-G-C)-3' 3'-d(C-G-C-G-C-G)-5'

Abb. 9: Duplexbildung der Hexamere (a) $d(iG\text{-}C)_3$ (**32**) und (b) $d(G\text{-}C)_3$ (**33**)

Zur Untersuchung der Duplexstabilität von **32** wurden die thermodynamischen Parameter der Duplexbildung bestimmt. Diese wurden aus der Schmelzkurve bei einer bestimmten Oligomerkonzentration unter der Annahme eines Zweizustandsmodells "Doppelstrang-Einzelstrang" berechnet [51] [52].

Tab. 5: T_m-Werte und thermodynamische Parameter der Duplexbildung in 1M NaCl, 0.1 M $MgCl_2$, 60 mM Cacodylat-Puffer (pH 7).

Sequenz		T_m [°C]	ΔH [kcal/mol]	ΔS [cal/(mol K)]
32	$d(iG\text{-}C)_3$	29 (5 µM)	-48	-155
33 [53]	$d(G\text{-}C)_3$	45 (12 µM)	-60	-190

Für das Hexamer **32** wurde ein T_m-Wert von 29°C bestimmt, dieser war deutlich niedriger als der von **33** (45°C). Allerdings weist der parallele Duplex **32** den Verlust eines Basenpaares auf (Abb. 9). Um die Stabilität der iG_d-dC- mit der dG-dC-Basenpaare vergleichen zu können, wurde nachfolgend das Inkrement pro Basenpaar ΔH° bestimmt.

Für das unmodifizierte d(G-C)$_3$ (**33**) konnte auf Untersuchungen von Breslauer zurückgegriffen werden [54], hierbei wurden jeweils die nächsten Nachbarn berücksichtigt. Der von Breslauer für **33** berechnete ΔH-Wert stimmte mit -57.1 kcal/mol sehr gut mit den exp. gefundenen Wert (Tab. 5) überein.

Für den Duplex **32** werden 5 Basenpaare berücksichtigt und eines für die Nucleation abgezogen [54]. Teilt man den exp. ΔH-Wert (Tab. 5) durch vier, so ergibt sich für das iG$_d$ dC Basenpaar ein Inkrement ΔH° von 12 kcal/mol. Bei diesem Wert handelt es sich allerdings um einen Mittelwert, der die nächsten Nachbarn unberücksichtigt läßt. Da dG-dC ein mittleres Inkrement ΔH° von -11.5 kcal/mol besitzt [54], ist das iG$_d$-dC Basenpaar eher stabiler.

Im UV-Spektrum zeigen sich Unterschiede zwischen den beiden Oligomeren. Wie aus Abb. 10 zu ersehen ist, sind die UV-Maxima des modifizierten Oligomers **32** bathochrom verschoben. Dieses läßt sich durch das zu längeren Wellenlängen verschobene Absorptionsmaximum von iG$_d$ (**1**) im Vergleich zu dG (**3**) erklären.

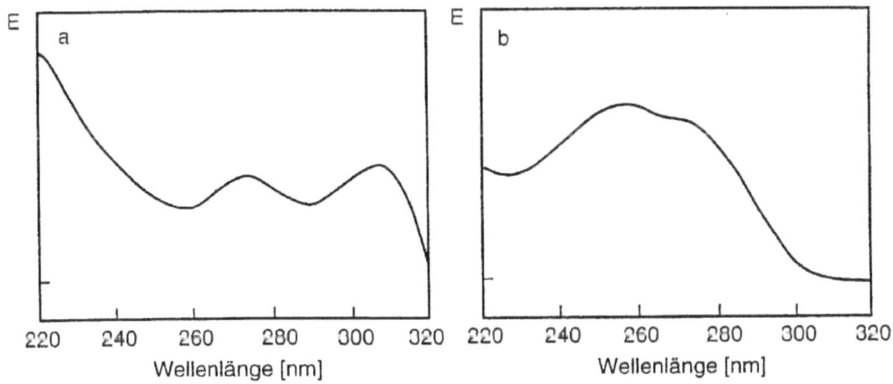

Abb. 10: UV-Spektren (a) **32** (b) **33** bei 25°C in H_2O

Die CD-Spektren von **32** und **33** in Abb. 11 zeigen im Bereich von 260 nm einen negativen Cotton-Effekt. Beide Kurven ändern sich temperaturabhängig und weisen isosbestische Punkte auf. Trägt man die temperaturabhängigen CD-Kurven von **32** gegen die Temperatur auf, so erhält man einen sigmoiden Graphen, der zu dem gleichen T_m-Wert führt wie die UV-Schmelzkurve.

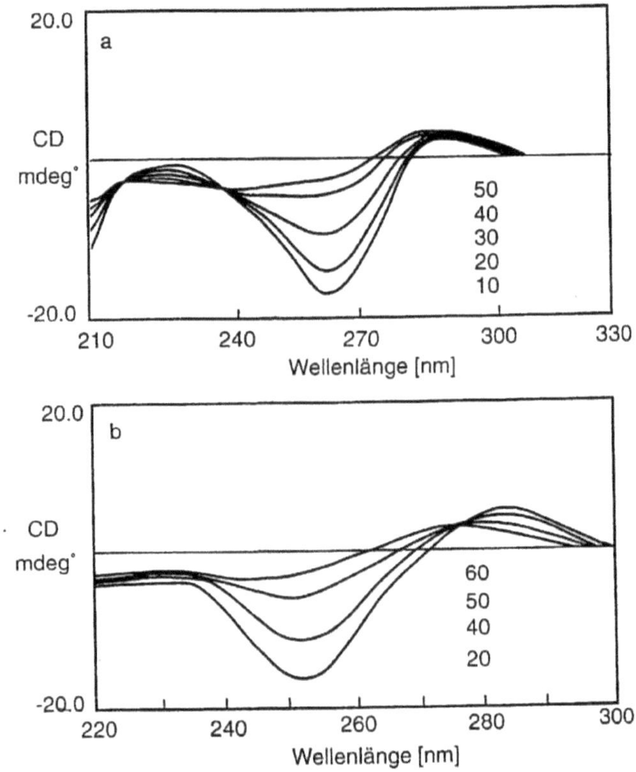

Abb. 11: Temperaturabhängige CD-Spektren [°C] von (a) **32** (b) **33** in 1 M NaCl, 0.1 M $MgCl_2$, 60 mM Cacodylsäure, pH 7.0.

6. Zusammenfassung

1) 2'-Desoxyisoguanosin (**1**) wurde in einer zweistufigen Synthese dargestellt. Zu diesem Zweck wurde 2'-Desoxyguanosin (**3**) über 2-Amino-2'-desoxyadenosin (**5**) in 2'-Desoxyisoguanosin (**1**) umgewandelt. Das Nucleosid **1** depurinierte in 0.5 M Salzsäure etwa 10 mal schneller als **3**.

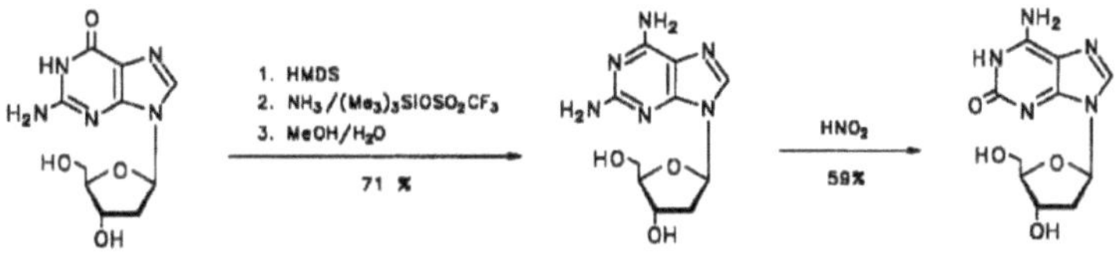

3 **5** **1**

Bei der Reaktion von 2'-Desoxyisoguanosin (**1**) mit Chloracetaldehyd bildete sich N^6-Etheno-2'-desoxyisoguanosin (**9**). Dieses zeigte ähnliche Fluoreszenzeigenschaften wie N^6-Ethenoadenosin (**6**).

2) 2',3'-Didesoxyisoguanosin (**2**) war über den photochemisch induzierten Austausch des 2-Substituenten von 2-Chlor-2',3'-didesoxyadenosin (**20**) gegen OH zugänglich.

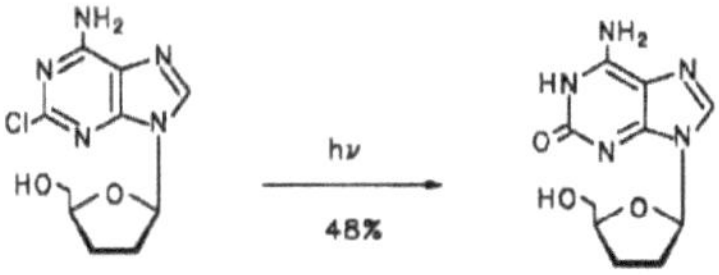

20 **2**

Verbindung **20** wurde über folgende Synthesewege gewonnen.

a) Ausgehend von 2-Chlor-2'-desoxyadenosin (**16**) über Barton-Desoxygenierung in 27 % Gesamtausbeute über vier Stufen.

b) In einem konvergenten Syntheseweg, bei dem 2,6-Dichlorpurin (**23**) mit dem 2',3'-Didesoxyzucker **21** unter Mitsunobu-Bedingungen umgesetzt wurde. Durch nachfolgenden Austausch des 6-Substituenten gegen NH_2 waren die anomeren 6-Amino-2-chlor-2',3'-didesoxynucleoside (**25a, 25b**) zugänglich.

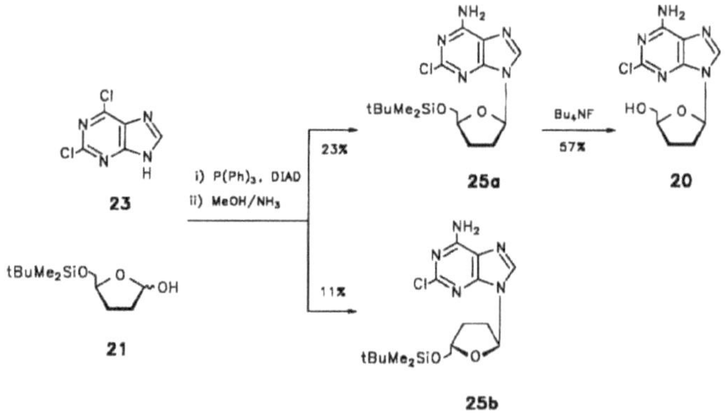

3) Mit Hilfe der Festphasensynthese wurde das Oligomer $d(iG\text{-}C)_3$ (**32**) synthetisiert und näher charakterisiert. Anhand des T_m-Wertes von 29 °C konnte eine iG_d-dC-Basenpaarung nachgewiesen werden. Da alternierende iG_d-dC -Sequenzen nur unter paralleler Strangorientierung selbstkomplementär sind, kommt es zum Verlust eines Basenpaares.

5'-d(iG-C-iG-C-iG-C)-3'	5'-d(G-C-G-C-G-C)-3'
5'-d(iG-C-iG-C-iG-C)-3'	3'-d(C-G-C-G-C-G)-5'

Der parallele Duplex von $d(iG\text{-}C)_3$ wies mit 29 °C einen geringeren T_m-Wert als $d(G\text{-}C)_3$ (45 °C) auf. Jedoch zeigten die Inkremente für die Bildungsenthalpie pro Basenpaar, daß das iG_d-dC-Basenpaar etwa die gleiche Stabilität aufweist wie das dG-dC-Basenpaar. Der niedrigere T_m-Wert ergibt sich aufgrund der Einbuße einer Basenpaarung.

7. Experimenteller Teil

^{1}H- und ^{13}C-Spektren: AC-250 bzw. AMX-500 Spektrometer (Bruker, Karlsruhe), δ-Werte relativ zu Tetramethylsilan als internem Standard (^{1}H- und ^{13}C-NMR in [D_6]DMSO und 85%iger Orthophosphorsäure als externem Standard). UV-Spektren: 150-20 und U-3200 Spektrophotometer (Hitachi, Japan). CD-Spektren: J-600 Spektrophotometer (Jasco, Japan), Dünnschichtchromatographie (DC): Kieselgelplatten 60 F254 (Merck, Darmstadt). Säulenchromatographie: Kieselgel 60 H (Merck, Darmstadt), Uvicord II (LKB-Instruments, Schweden) mit Ultro-Rac-Fraktionssammler. DC-Scanner: Dual-Wavelength DC-Scanner, Modell CS-930 (Shimadzu, Japan), Data Recorder DR-2 (Shimadzu, Japan), Schmelzpunkte (nicht korrigiert): Schmelzpunktapparatur nach Linström (Wagner u. Munz, München). Elementaranalysen: Mikroanalytisches Laboratorium Beller (Göttingen). Oligonucleotidsynthese: Festphasensynthesizer Modell 380 B (Applied Biosystem, Weiterstadt). Lyophilisation: Speed-Vac Zentrifuge (Savant Instruments, Farmingale, N.Y.). Adenosindesaminase ADA (EC 3.5.4.4, aus Kälberdarm), Schlangengift-Phosphordiesterase (EC 3.1.4.1, Crotalus durissus) sowie alkalische Phosphatase (EC 3.1.3.1, Kälberdarm) waren Produkte der Firma Boehringer Mannheim GmbH. Serdolit und Dowex 1x 2: Firma Serva-Deutschland. Die HPLC-Aufreinigung der Oligonucleotide wurde an einer Merck-Hitachi Anlage durchgeführt, bestehend aus einer HPLC Kontrolleinheit (Modell L-6250) mit integrierter Pumpe, einem Proportionierungsventil, einem wellenlängenvariablen UV-Monitor (Modell 655A), und einem Integrator (Modell D-2500). Chromatographiert wurde an fertig gepackten RP-18 Li-Chrosorbsäulen (10 x 250 cm, 10 μm, Merck, Darmstadt). Das Erstellen von Hydrolysebildern der Oligonucleotide erfolgte an einer Merck-Hitachi-Anlage, bestehend aus einer Pumpe (Modell 655A-12), einem Proportionierungsventil, einem wellenlängen-variablen UV-Monitor (Modell 655A), einer HPLV Kontrolleinheit (Modell L-5000) und einem Integrator (Modell L-5000). Chromatograhiert wurde an fertig gepackten RP-18 Li-Chrosorbsäulen (4 x 250 m, 7 μm, Merck, Darmstadt).

Absolutierung der Lösungsmittel: Pyridin und Acetonitril wurden über CaH_2 gekocht und destilliert. Dimethylformamid wurde mit einem Benzol/Wassergemisch fraktioniert destilliert und über Molekularsieb 4 °A aufbewahrt. Dichlormethan wurde über P_2O_5 gekocht und destilliert. Methanolisches Ammoniak wurde durch Einleiten von NH_3 in MeOH p.a. bei 0°C erhalten.

Laufmittel für die HPLC:

A: 5% Acetonitril in 0.1 M Triethylammoniumacetat-Puffer (pH 7.0);

B: 100 %Acetonitril;

C: 100 % bidest. Wasser;

D: Methanol/Wasser (3:2).

Laufmittelsysteme:

I: 3 min 15 % B in A, 17 min 15-40 % B in A;

II: 20 min 0-20 % B in A

III: 15 min C, 10 min D

IV: 15 min A

Laufmittel für die Dünnschicht- und Säulenchromatographie:

A: Dichlormethan/ Methanol (98:2);

B: Dichlormethan/ Methanol (95:5);

C: Dichlormethan/ Methanol (9:1);

D: Dichlormethan/ Methanol (4:1);

E: Isopropanol/ Wasser/ wäßr. NH_3 (25 %) (3:1:1);

F: Petrolether/Ethylacetat (9:1).

2,6-Diamino-9-(2-desoxy-ß-D-erythro-pentofuranosyl)-9H-purin (5).

5.0 g (18.6 mmol) 2'-Desoxyguanosin (**3**) werden in 150 ml (0.71 mol) Hexamethyldisilazan (HMDS) und 0.5 ml (5 mmol) Trimethylchlorsilan (TCS) 10 h bei 145°C silyliert. Danach wird der Überschuß an HMDS abdestilliert und die Prozedur mit dem zurückbleibenden Sirup wiederholt. Nach erneutem Abdestillieren des HMDS wird der trübe Sirup **4** in 30 ml abs. Toluol/HMDS (15:1) aufgenommen. Diese Mischung wird in einen 300 ml Autoklaven überführt. Nach Zusatz von 4 ml (2.0 mmol) Tris(trimethyl)silyltriflat (0.5 M in abs. Toluol) wird bei 0°C für 30 min NH_3 (10 bar) aufgepreßt und bei 145°C für 48 h erhitzt. Nach Abkühlen auf Raumtemperatur wird das NH_3 vorsichtig abgeblasen, der feste Rückstand in 300 ml $MeOH/H_2O$ (1:1) suspendiert und 4 h bei 100°C gerührt. Das MeOH wird abdestilliert und 250 ml H_2O zugegeben. Anschließend wird die Lösung mit Aktivkohle versetzt, heiß filtriert und mit 100 ml heißem H_2O nachgewaschen. Nach Einengen des gelben Filtrats auf 200 ml und Kristallisation erhält man 3.1 g farblose Kristalle vom Smp. 146°C. Die Mutterlauge wird an eine Dowex 1x 2 Säule (20 x 2cm, OH^--Form) [55] adsorbiert, und mit 500 ml Wasser gewaschen. Elution mit 300 ml $MeOH/H_2O$ (3:7) und Eindampfen der Hauptzone liefert weitere 400 mg **5** (Geamtausbeute 3.5 g, 71 %). DC (Kieselgel, D): R_f = 0.4. UV (MeOH): λ_{max} = 256, 282 (ε = 8900, 9900). ^{1}H-NMR ([D_6]DMSO): 7.93 (s, 1H, H-C(8)); 6.67 (bs, 2H, NH_2); 6.17 ('t', J = 6.3, 1H, H-C(1')); 5.84 (bs, 2H, NH_2); 5.26 (m, 3'-OH, 5'-OH); 4.35 (m, 1H, H-C(3')); 3.84 (m, 1H, H-C(4')), 3.56 (m, 2H, H-C(5')); 2.61 (m, 1H, H_β-C(2')); 2.18 (m, 1H, H_α-C(2')) [9].

6-Amino-9-(2-desoxy-ß-D-erythro-pentofuranosyl)-1,9-dihydro-2H-purin-2-on (2'-Desoxyisoguanosin, 1).

Eine Lösung von 1.2 g (17.4 mmol) $NaNO_2$ in 50 ml heißem H_2O wird bei 50°C mit 1.2 g (4.4 mmol) der Verbindung **5** versetzt und tropfenweise 1.8 ml (31.2 mmol) Eisessig zugegeben (Schäumen!). Nach 5 min wird die Lösung mit 50 ml H_2O verdünnt und mit NH_3 auf pH 8 eingestellt und dann weitere 300 ml H_20 zugegeben. Man adsorbiert an Serdolit AD-4 Ionenaustauscher (4 x 22 cm), wäscht mit 500 ml H_2O und eluiert mit 500 ml H_2O/i-PrOH (95:5) die Hauptzone, aus der nach Abdampfen Verbindung **1** als gelbliches Pulver (650 mg , 59 %) erhalten wird. DC (Kieselgel, E): R_f = 0.75. UV (H_2O): λ_{max} = 292, 248 (ε = 9900, 8600). ^{1}H-NMR ([D$_6$]DMSO): 7.95 (s, 1H, H-C(8)); 7.67 (bs, 2H, NH_2); 6.11 ('t', J = 6.4 Hz, 1H, H-C(1')); 5.26 (bs, 3'-OH, 5'-OH); 4.35 (m, 1H, H-C(3')); 3.84 (m, 1H, H-C(4')), 3.56 (m, 2H, H-C(5')); 2.30, 218 (m, 2H, H-C(2')) [1].

3-(2-Desoxy-ß-D-erythro-pentofuranosyl)-3,4-dihydro-5H-imidazo[1,2-i]purin-5-on (N^6-Etheno-2'-desoxyisoguanosin, 9).

Eine Lösung von 360 mg (1.35 mmol) der Verbindung **1** wird mit 8 ml NaOAc-Puffer (1 M, pH 4.7) und 0.5 ml Chloracetaldehyd (4 mmol, 50 % in H_2O) versetzt. Nach 24 stündigem Rühren werden nochmals 3 ml Puffer und 0.5 ml Chloracetaldehyd zugegeben und weitere 20 h gerührt. Die gelbe Lösung wird auf eine Serdolit AD-4 Ionenaustauschersäule (2 x 20 cm) aufgebracht und mit 100 ml H_2O und 200 ml H_2O/EtOH (95:5) gewaschen. Nach Elution mit 400 ml H_2O/EtOH (9:1) und Kristallisation aus EtOH/EtOAc (1:1) erhält man 152 mg (39 %) der Verbindung **9** als weißes Pulver (> 250°C Zersetzung). DC (Kieselgel, E): R_f = 0.85. UV (H_2O): pH 1: λ_{max} = 296, 258 (ε = 12700, 5100); pH 7: λ_{max} = 295, 268 nm (ε = 10400, 7400); pH 12: λ_{max} = 303, 292, 282 nm (ε = 7000, 11000, 11000). ^{1}H-NMR ([D$_6$]DMSO): δ = 8.06 (s, 1H, H-C(8)); 7.90, 7.48 (s, 1H, CH=CH); 6.27 ('t', J = 6.7 Hz, 1H, H-C(1')); 5.28 (bs, 3'-OH, 5'-OH); 4.39 (m, 1H, H-C(3')); 3.90 (m, 1H, H-C(4')); 3.64 (m, 2H, H-C(5')); 2.57, 2.24 (m, 2H, H-C(2')).

$C_{12}H_{13}N_5O_4$ (291.3)	Ber.	C 49.48	H 4.50	N 24.04
	Gef.	C 49.28	H 4.49	N 24.20

6-Amino-9-(2-desoxy-5-[(1,1-dimethylethyl)diphenylsilyl]-ß-D-erythro-pentofuranosyl)-1,9-dihydro-2H-purin-2-on (10).

530 mg (2 mmol) der Verbindung **1** werden in 20 ml abs. DMF gelöst und mit 340 mg (5 mmol) Imidazol sowie mit 1.5 ml (6 mmol) $tBuPh_2SiCl$ versetzt. Nach 12 h Rühren wird die Reaktionsmischung eingedampft, 2 mal mit Toluol nachgedampft und an Kieselgel (Säule 20 x 4, 500 ml C, danach D) chromatographiert. Nach Eindampfen der Hauptzone und Kristallisation aus MeOH werden 580 mg (57 %) **10** als weißes Pulver isoliert. DC (Kieselgel, D): $R_f = 0.3$. UV(MeOH): $\lambda_{max} = 298, 250$ nm ($\varepsilon = 9100, 8400$). ^{1}H-NMR ([D_6]DMSO): δ = 7.88 (s, 1H, H-C(8)); 7.86 (bs, NH_2); 7.61-7.33 (m, 10H, Ph); 6.13 ('t', J = 6.4 Hz, 1H, H-C(1')); 5.39 (bs, 1H, 3'-OH); 4.43 (m, 1H, H-C(3')); 3.87 (m, 1H, H-C(4')); 3.76 (m, 2H, H-C(5')); 2.56, 2.25 (m, 2H, H-C(2')); 0.97 (s, 9H, t-Bu).

$C_{26}H_{31}N_5O_4Si$ (505.6)	Ber.	C 61.76	H 6.18	N 13.85
	Gef.	C 61.23	H.6.29	N 13.82

6-Amino-2-chlor-9-{2-desoxy-5-[(1,1-dimethylethyl)diphenylsilyl]-ß-D-erythro-pentofuranosyl}-9H-purin (17).

860 mg (3.0 mmol) der Verbindung **16** [28] werden mit 2 x 20 ml abs. Pyridin abgedampft, unter Argon in 20 ml abs. Pyridin gelöst und mit 0.85 ml (3.3 mmol) $tBuPh_2SiCl$ versetzt. Nach 14 h werden 100 ml 5 % $NaHCO_3$-Lsg. zugegeben und 3 x mit je 100 ml CH_2Cl_2 extrahiert. Die vereinigten org. Phasen werden über Na_2SO_4 getrocknet, eingedampft und mit Toluol nachgedampft. Anschließend wird an Kieselgel chromatographiert (Säule 30 x 3 cm, B). Die Hauptzone liefert nach Abdampfen des Lösungsmittel 1.30 g (83 %) **17** als farblosen Schaum. DC (Kieselgel, B): $R_f = 0.36$. UV (MeOH): $\lambda_{max} = 264$ nm (ε =17300). ^{1}H-NMR ([D_6]DMSO): δ = 8.25 (s, 1H, H-C(8)); 7.80 (s, 2H, NH_2); 7.57-7.30 (m, 10H, Ph); 6.28 ('t', J = 6.5 Hz, 1H, H-C(1')); 5.39 (d, J = 4.4 Hz, 1H, 3'-OH); 4.50 (m, 1H, H-C(3')); 3.92 (m, 1H, H-C(4')); 3.80 (m, 2H, H-C(5')); 2.74, 2.34 (m, 2H, H-C(2')); 0.95 (s, 9H, t-Bu).

$C_{26}H_{31}ClN_5O_3Si$ (524.1)	Ber.	C 59.59	H 5.77	N 13.36
	Gef.	C 59.79	H 5.79	N 13.37

6-Amino-2-chlor-9-(2-desoxy-5-[(1,1-dimethylethyl)diphenylsilyl]-3-O-(phenoxy-thiocarbonyl)-ß-D-erythro-pentofuranosyl)-9H-purin (18).

Eine Lösung von 1.05 g (2.0 mmol) der Verbindung **17** in 20 ml abs. CH_2Cl_2 wird unter Argon mit 610 mg (5.0 mmol) N,N-Dimethyl-4-aminopyridin (DMAP) und 0.54 ml (690 mg, 4.0 mmol) O-Phenoxythiocarbonylchlorid versetzt. Nach 15 h Rühren wird an 5 g Kieselgel adsorbiert und an Kieselgel chromatographiert (Säule 30 x 3 cm, B). Die Hauptzone liefert nach Abdampfen des Lösungsmittel 1.0 g (76 %) **18** als farbloses Pulver. DC (Kieselgel, B): $R_f = 0.46$. UV (MeOH): $\lambda_{max} = 264$ nm ($\varepsilon = 15100$). ^{1}H-NMR ([D_6]DMSO): $\delta = 8.29$ (s, 1H, H-C(8)); 7.86 (s, 2H, NH_2); 7.61-7.21 (m, 15H, Ph); 6.37 ('t', J = 5.0 Hz, 1H, H-C(1')); 5.97 (m, 1H, H-C(3'); 4.44 (m, 1H, H-C(4')); 3.95 (m, 2H, H-C(5')); 3.20, 282 (m, 2H, H-C(2')); 0.98 (s, 9H, t-Bu).

$C_{33}H_{34}ClN_5O_4Si$ (660.3)	Ber.	C 60.03	H 5.19	N 10.61
	Gef.	C 60.18	H 5.39	N 10.67

6-Amino-2-chlor-9-(2,3-didesoxy-5-[(1,1-dimethylethyl)diphenylsilyl]-ß-D-glycero-pentofuranosyl)-9H-purin (19).

330 mg (0.5 mmol) der Verbindung **18** in 20 ml abs. Toluol werden unter Argon mit 24 mg (0.15 mmol) α,α'-Azoisobutyronitril (AIBN) und 0.27 ml (291 mg, 1.0 mmol) Tributylzinnhydrid versetzt. Nach 4 h bei 80°C wird die Lösung eingedampft und mit abs. Toluol nachgedampft. Chromatographie an Kieselgel (Säule 20 x 3 cm, B) ergibt nach Eindampfen 160 mg (63 %) **19** als farbloses Pulver. DC (Kieselgel, B): $R_f = 0.44$. UV (MeOH): $\lambda_{max} = 265$ nm ($\varepsilon = 14200$). ^{1}H-NMR ([D_6]DMSO): $\delta = 8.25$ (s, 1H, H-C(8)); 7.76 (s, 2H, NH_2); 7.56-7.29 (m, 10H, Ph); 6.19 ('t', J = 4.7 Hz, 1H, H-C(1')); 4.21 (m, 1H, H-C(4')); 3.77 (m, 2H, H-C(5')); 2.45 (m, 2H, H-C(2')); 2.10 (m, 2H, H-C(3')); 0.94 (s, 9H, t-Bu).

$C_{26}H_{30}ClN_5O_2Si$ (508.1)	Ber.	C 61.46	H 5.95	N 13.78
	Gef.	C 61.32	H 5.98	N 13.72

6-Amino-2-chlor-9-(2,3-didesoxy-ß-D-glycero-pentofuranosyl)-9H-purin (2-Chlor-2',3'-didesoxyadenosin, 20).

Aus **19**: Eine Lösung von 510 mg (1.0 mmol) der Verbindung **19** in 10 ml abs. THF wird mit 1.0 ml (1.1 mmol) einer 1.1 M Lösung von Bu_4NF in THF versetzt. Nach 12 h Rühren wird die Lösung eingedampft und an Kieselgel chromatographiert (Säule 40 x 3 cm, B). Nach Abdampfen des Lösungsmittels und Kristallisation aus EtOH erhält man 180 mg (67 %) der Verbindung **20** als farblose Kristalle vom Smp. 185°C.

Aus **25a**: Eine Lösung von 580 mg (1.5 mmol) der Verbindung **25a** in 10 ml abs. THF wird mit 2.0 ml (2.2 mmol) einer 1.1 M Lösung von Bu_4NF in THF versetzt. Nach 1h Rühren wird die Lösung eingedampft und wie oben beschrieben chromatographiert. Abdampfen des Lösungsmittel ergibt 230 mg (57 %) **20** als farbloses Pulver.

DC (Kieselgel, C): R_f = 0.5. UV (MeOH): λ_{max} = 265 nm (ε = 14700). ^{1}H-NMR ([D_6]DMSO): δ = 8.37 (s, 1H, H-C(8)); 7.77 (s, 2H, NH_2); 6.14 (dd, J = 3.8 und 6.0 Hz, 1H, H-C(1')); 4.93('t', J = 5.4 Hz, 1H, 5'-OH); 4.09 (m, 1H, H-C(4')); 3.51 (m, 2H, H-C(5')); 2.38 (m, 2H, H-C(2')); 2.02 (m, 2H, H-C(3 ')) [24].

$C_{10}H_{12}ClN_5O_2$ (269.7)	Ber.	C 44.54	H 4.48	N 25.97
	Gef.	C 44.54	H 4.67	N 25.83

Glycosylierung von 2,6-Dichlorpurin (23) mit 2,3-Didesoxy-5-[(1,1-dimethylethyl)dimethyl -silyl-D-glycero-pentofuranosylchlorid (22).

756 mg (4.0 mmol) 2,6 Dichlorpurin (**23**) werden unter Argon in 20 ml MeCN gelöst. Nach 15 min werden 128 mg (80 %, 4.25 mmol) NaH zugegeben. Nach weiteren 20 min wird eine *in situ* hergestellte, -80°C kalte THF-Lösung (20 ml) der Halogenose **22** (4.0 mmol) [34] innerhalb von 30 min zugetropft. Nach weiteren 30 min wird das Reaktionsgemisch filtriert, der Rückstand mit CH_2Cl_2 gewaschen, mit 50 ml ges. $NaHCO_3$-Lsg. ausgeschüttelt und die wäßr. Phase 2 x mit je 100 ml CH_2Cl_2 extrahiert. Die vereinigten org. Phasen werden über Na_2SO_4 getrocknet, filtriert und bis zur Trockne eingeengt. Chromatographie an Kieselgel (Säule 40 x 3 cm, F) ergibt zwei nucleosidhaltige Zonen.

2,6-Dichlor-9-{2,3-didesoxy-5-O-[(1,1-dimethylethyl)dimethylsilyl]-β-D-glycero-pentofuranosyl}-9H-purin (24a).

Aus der schneller wandernden Zone werden 365 mg (23 %) **24a** als gelblicher Sirup erhalten. DC (Kieselgel, A): R_f = 0.72. UV (MeOH): λ_{max} = 275 nm (ε = 8800). ^{1}H-NMR ([D$_6$]DMSO): δ = 8.85 (s, 1H, H-C(8)); 6.31 ('t', J = 6.0 Hz, 1H, H-C(1')); 4.19 (m, 1H, H-C(4')); 3.77 (m, 2H, H-C(5')); 2.38 (m, 2H, H-C(2')); 2.07 (m, 2H, H-C(3')); 0.80 (s, 9H, t-Bu); 0.04 (s, 6H, CH_3).

$C_{16}H_{24}Cl_2N_4O_2Si$ (403.4)	Ber.	C 47.64	H 6.00	N 13.89
	Gef.	C 47.86	H 6.29	N 13.89

2,6-Dichlor-9-{2,3-didesoxy-5-O-[(1,1-dimethylethyl)dimethylsilyl]-α-D-glycero-pentofuranosyl}-9H-purin (24b).

Die langsamer wandernden Zone liefert 165 mg (10 %) **24b** als gelblichen Sirup. DC (Kieselgel, A): R_f = 0.55. UV (MeOH): λ_{max} = 274 nm (ε = 9000). ^{1}H-NMR ([D$_6$]DMSO): δ = 8.84 (s, 1H, H-C(8)); 6.36 ('t', J = 4.6 Hz, 1H, H-C(1')); 4.5 (m, 1H, H-C(4')); 3.63 (m, 2H, H-C(5')); 2.45 (m, 2H, H-C(2'); 1.92 (m, 2H, H-C(3')); 0.86 (s, 9H, t-Bu); 0.05 (s, 6H, CH_3).

Glycosylierung von 2,6-Dichlorpurin (23) mit 5-O-(1,1-dimethylethyl)dimethylsilyl)-2,3-didesoxy-D-glycero-pentofuranose (21) und nucleophile Substituion mit MeOH/NH$_3$.

Zu einer Lösung von 2.3 g (9.5 mmol) des Lactols **21** [32] in 20 ml abs. THF werden 2.7 g (10 mmol) Triphenylphosphin (PPh_3) und 1.9 g (10 mmol) 2,6-Dichlorpurin (**23**) zugegeben. Die klare Lösung wird auf 0°C abgekühlt und eine Lösung von 2.4 ml (11.5 mmol) Diisopropylazodicarboxylat (DIAD) in 10 ml abs. THF innerhalb von 30 min zugetropft. Danach wird die gelbe Lösung 12 h bei RT gerührt. Nach Eindampfen wird der ölige Rückstand in 100 ml MeOH/NH_3 gelöst, in einem Druckgefäß 5 h bei 60°C und weitere 12 h bei RT gerührt. Nach dem Eindampfen wird an Kieselgel chromatographiert (Säule 40 x 5 cm, B). Es werden zwei nucleosidhaltige Fraktionen isoliert.

6-Amino-2-chlor-9-{2,3-didesoxy-5-O-[(1,1-dimethylethyl)dimethylsilyl]-β-D-glycero-pentofuranosyl}-9H-purin (25a).

Die schneller laufende Zone wird eingedampft und ergibt nach Umfällen aus Et_2O 840 mg (23 %) **25a** als farbloses Pulver. DC (Kieselgel, B): R_f = 0.5. UV (MeOH): λ_{max} = 265 nm (ε = 15100). ^1H-NMR ([D$_6$]DMSO): δ = 8.29 (s, 1H, H-C(8)); 7.77 (bs, 2H, NH_2); 6.14 (dd, J = 3.2 und 6.2 Hz, 1H, H-C(1')); 4.13 (m, 1H, H-C(4')); 3.74 (m, 2H, H-C(5')); 2.38 (m, 2H, H-C(2')); 2.07 (m, 2H, H-C(3')); 0.82 (s, 9H, t-Bu); 0.04 (s, 6H, CH_3).

$C_{16}H_{26}ClN_5O_2$ (384.0)	Ber.	C 50.05 H 6.83 N 18.24
	Gef.	C 49.85 H 6.84 N 18.10

6-Amino-2-chlor-9-{2,3-didesoxy-5-O-[(1,1-dimethylethyl)dimethylsilyl]-α-D-glycero-pentofuranosyl}-9H-purin (25b).

Die langsamer wandernde Zone ergibt nach Eindampfen und Umfällen aus Et_2O 400 mg (11 %) **25b** als farbloses Pulver. DC (Kieselgel, B): R_f = 0.4. UV (MeOH): λ_{max} = 264 nm (ε = 15000). ^1H-NMR ([D$_6$]DMSO): δ = 8.29 (s, 1H, H-C(8)); 7.79 (bs, 2H, NH_2); 6.20 ('t' , J = 4 Hz, 1H, H-C(1')); 4.41 (m, 1H, H-C(4')); 3.62 (m, 2H, H-C(5')); 2.23 (m, 2H, H-C(2')); 1.67 (m, 2H, H-C(3')); 0.87 (s, 9H, t-Bu); 0.05 (s, 6H, CH_3).

6-Amino-9-(2,3-didesoxy-ß-D-glycero-pentofuranosyl)-1,9-dihydro-2H-purin-2-on (2',3'-Didesoxyisoguanosin, 2).

135 mg (0.5 mmol) der Verbindung **20** werden in einem 500 ml Standzylinder in einer Mischung aus 400 ml bidest. H_2O und 1 ml wäßr. NH_3 (25 %) gelöst, und 30 min mit einer 15 W Quecksilber-Resonanzlampe bestrahlt, wobei der Umsatz UV-spektrophotometrisch verfolgt wird. Anschließend wird die Lösung bis auf 100 ml eingeengt und auf eine Serdolit AD-4 Ionenaustauschersäule (20 x 2 cm) aufgebracht. Die Säule wird mit 500 ml bidest. H_20 gewaschen. Elution mit 300 ml bidest. H_2O/iProp (9:1) ergibt eine Hauptzone, aus der man nach Eindampfen und Abdampfen mit Et_2O 60 mg (48 %) **2** als gelbliches Pulver erhält. UV (H_2O): λ_{max} = 292, 247 (ε = 10300, 7900). ^1H-NMR

($[D_6]$DMSO): 7.95 (s, 1H, H-C(8)); 7.67 (bs, 2H, NH_2); 5.96 ('t', J = 6.3 Hz, 1H, H-C(1')); 5.20 (bs, 5'-OH); 4.06 (m, 1H, H-C(4')), 3.53 (m, 2H, H-C(5')); 2.28 (m, 2H, H-C(2')); 1.98 (m, 2H, H-C(3')).

$C_{10}H_{13}N_5O_3$ (251.2)	Ber.	C 47.81	H 5.22	N 27.87
	Gef.	C 47.61	H 5.33	N 27.74

6-Amino-9-(2-desoxy-3,5-bis-O-(2-methylpropionyl)-ß-D-erythro-pentofuranosyl)-1,9-dihydro-2H-purin-2-on (27).

500 mg (1.87 mmol) der Verbindung **1** werden durch mehrmaliges Eindampfen mit abs. Pyridin getrocknet und in 20 ml Pyridin unter leichtem Erwärmen gelöst. Nach Abkühlen auf 0°C werden unter Argon 1.95 ml (18.5 mmol) Isobuttersäurechlorid unter kräftigem Rühren langsam hinzugegeben. Die trübe Reaktionsmischung wird 1 h bei RT weitergerührt und anschließend mit 50 ml 5 % $NaHCO_3$-Lösung hydrolysiert. Die Lösung wird auf 20 ml konzentriert und über Nacht bei 0°C aufbewahrt. Das ausgefallende Produkt wird abgesaugt und mit Ether gewaschen. Man erhält 335 mg (44 %) der Verbindung **27** als weißes Pulver. DC (Kieselgel, D): R_f = 0.3. UV (MeOH) : λ_{max} = 298, 250 (ε = 9700, 8 400). ^{1}H-NMR ($[D_6]$DMSO): 7.92 (s, 1H, H-C(8)); 7.86 (bs, 2H, NH_2); 6.12 ('t', J = 6.5 Hz, 1H, H-C(1')); 5.30 (m, 1H, H-C(3')); 4.16 (m, 1H, H-C(4')); 4.23 (m, 2H, H-C(5')); 2.92, 259 (m, 2H, H-C(2')); 1.05 (m, 12H, 4 CH_3).

$C_{18}H_{25}N_5O_6$(407.73)	Ber.	C 53.06	H 6.19	N 17.19
	Gef.	C 52.97	H 6.18	N 17.30

Festphasensynthese von d(iG-C)$_3$ (32):

Die Oligonucleotid-Synthese wird im Synthesemaßstab von 1 µmol unter Verwendung des Phosphonats [(MeO)$_2$Tr]bz^{4}C$_d$ (**31**) und **30** im DNA-Synthesizer nach einem modifizierten Protokoll durchgeführt. Zur Bestimmung der Kupplungsausbeute wird der Säulenauslauf während des Dichloressigsäure-Flusses und nachfolgender Spülung mit MeCN mit einem Fraktionssammler aufgefangen. Die aufgefangene Lösung wird mit 0.1 M p-Toluolsulfonsäure in MeCN auf 10 ml verdünnt und UV spektrophotometrisch vermessen. Die Abspaltung des 5'-trityliertem Oligomers vom Trägermaterial erfolgt bei Raumtemperatur 25 aq. NH_3. Nach Entschützung durch 18 h iges Einwirken von 25 % NH_3 bei 60°C wird die Lösung in einer Speed-Vac Zentrifuge bis zur Trockne eingedampft und in HPLC-Puffer aufgenommen. Danach erfolgt die HPLC-Aufreinigung an einer RP-18 Säule mit dem Gradient I. Die DMT-Abspaltung erfolgte mit 1 ml (2.5 %) Dichloressigsäure in CH_2Cl_2 (die erfolgreiche Detritylierung kann an der intensiven Rotfärbung erkannt werden). Nach 5 min wird die Lösung zum Neutralisieren mit 1 ml NEt_3 versetzt, eingedampft und mit MeOH nachgedampft. Das Rohprodukt wird in HPLC Puffer aufgenommen und mittels RP-18-HPLC mit dem Gradienten II aufgereinigt. Die Entsalzung erfolgt an einer RP-18-Kieselgel-Kartusche mit Gradient III. Die Lösung wird in einer Speed-Vac-Zentrifuge lyophilisiert, in 100 µl Wasser aufgenommen und bei -20°C aufbewahrt. Die Ausbeute an **32** betrug 0.233 µmol (23.3 %, 7.7 A_{260}-Einheiten).

Phosphordiester-Hydrolyse des Oligomers d(iG-C)$_3$ (32) mit Schlangengift-Phosphordiesterase und alkalischer Phosphatase

0.2 A_{260}-Einheiten **32** werden in 200 µl 0.1 M Tris-HCl Puffer pH 8.3 gelöst und mit 3 µl Phosphordiesterase (1 µg/0.5 µl) für 45 min bei 37°C inkubiert. Anschließend mit 5 µl alkalischer Phosphatase (1 µg/µl) versetzt, bei gleicher Temperatur weitere 30 min inkubiert und daraufhin die Nucleosidzusammensetzung mittels HPLC (RP-18-Kieselgel,

Gradient IV) UV-spektrophotometrisch bestimmt. Die Quantifizierung erfolgt durch Integration der Peakflächen unter Berücksichtigung der Extinktionskoeffizienten des jeweiligen Nucleosids
(ε_{260};ε_{280} iG_d = 4300; 7300, dC = 7600; 6900).

Bestimmung der enzymatischen Hypochromizität H

Die Hypochromizität H in % eines Oligonucleotids errechnet sich nach der Formel:

$$H = \frac{\varepsilon_{Monomer} - \varepsilon_{Polymer}}{\varepsilon_{Monomer}} \times 100$$

Sie ergibt sich aus der Absorption vor und nach der Spaltung mit Schlangengift-Phospordiesterase in 0.1 M Tris-HCl-Puffer (pH 8.3) unter Berücksichtigung der UV-Absorption des Enzyms. Für das Hexamer **32** beträgt H = 5 %.

8. Abkürzungen und Nomenklatur

ADA	Adenosindesaminase
AIBN	α,α'-Azoisobutyronitril
bs	breites Singulett
CdA	2-Chlor-2'-desoxyadenosin
CddA	2-Chlor-2',3'-didesoxyadenosin
d	Duplett
dd	Duplett von Duplett
ddG	2',3'-Didesoxyguanosin
dC	2'-Desoxycytidin
dG	2'-Desoxyguanosin
DIAD	Diisopropylazodicarboxylat
DMAP	N,N-Dimethyl-4-aminopyridin
DMT	4,4'-Dimethoxytriphenylmethyl
dT	2'-Desoxythymidin
HIV	Human Immunodeficiency Virus
HMDS	Hexamethyldisilazan
HMTP	Hexamethyltriaminophosphin
iBu	Isobutyryl
iC_d	2'-Desoxyisocytidin
iG_d	2'-Desoxyisoguanosin
iG_{dd}	2',3'-Didesoxyisoguanosin
iG_dTP	2'-Desoxyisoguanosin-5'-triphosphat
m	Multiplett
PPh_3	Triphenylphosphin
s	Singulett
t	Triplett
T_m	Schmelzpunkt des Duplex

TBK	Triethylammoniumhydrogencarbonat
$tBuMe_2Si$-	Tert.-butyl-dimethylsilyl
$tBuPh_2Si$-	Tert.-butyl-diphenylsilyl
TCS	Trimethylchlorsilan
Tris	Tris(hydroxymethyl)aminomethan
TMS	Tetramethylsilan
ε	molarer Extinktionskoeffizient in 1000 cm^2 x mol^{-1}
δ	chemische Verschiebung
λ	Wellenlänge

Nomenklatur

Nach den durch die "International Union of Pure and Applied Chemistry" (IUPAC) festgelegten Regeln zur Nomenklatur heterocyclischer Systeme erhält das Purin-System eine eigene Zählweise der Ringatome [56], die auch in dieser Arbeit durchgehend verwendet wird. In der chemischen Literatur erfolgt dagegen die Nomenklatur als Imidazo[4,5-d]pyrimidin nach den allgemeinen IUPAC-Regeln. Ein Purin mit einen an N-1 und C-6 ankondensierten Imidazolring wird als Imidazo[1,2-i]purin bezeichnet.

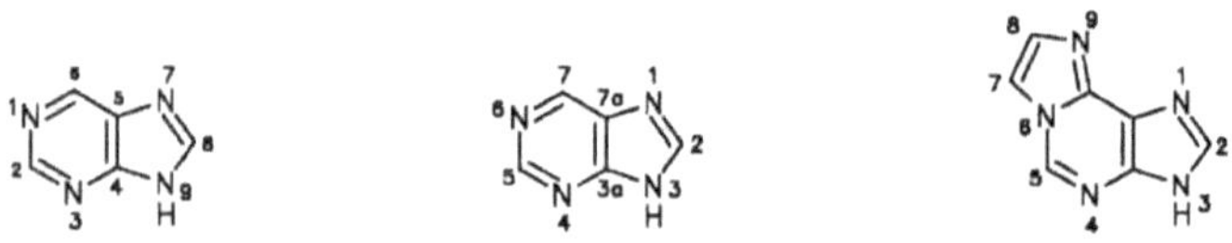

Purin Imidazo[4,5-d]pyrimidin Imidazo[1,2-i]purin

Nach der IUPAC-Nomenklatur werden Sequenzen von Oligonucleotiden von links nach rechts in Richtung 5'-Ende angegeben [57]. Bei der Verwendung der umgekehrten Schreibweise soll sie durch den Zusatz (5'-3') angezeigt werden. Die Sequenzen der in dieser Arbeit angegebenen Oligonucleotide werden durchgehend vom 5'- zum 3'-Ende angegeben und daher nicht einzeln gekennzeichnet.

9. Literaturverzeichnis

[1] Z. Kazimierczuk, R. Mertens, W. Kawczynski, F. Seela, Helv. Chim. Acta **1991**, 74, 1742.

[2] F. Seela, R. Mertens, Z. Kazimierczuk, Helv. Chim. Acta **1992**, 75, 2298.

[3] C. Schwitzer, S. E. Moroney, S. A. Benner, J. Am. Chem. Soc **1989**, 111, 8322.

[4] A. Heckel, Diplomarbeit Universität Osnabrück **1992.**

[5] N. Pattabiraman, Biopolymers **1986**, 25, 1603.

[6] T. M. Jovin, K. Rippe, N. B. Ramsing, R. Klement, W. Elhorst, M. Vojtiskova, in "Structure and Methods, Volume 3: DNA and RNA" (R. H. Sarma and M. H. Sarma, eds.), p. 155. Adenine Press, Schenectady, New York, **1990**.

[7] M. D. Kirnos, I. Y. Khudyakov, N. I. Alexandrushkina, B. F. Vanyushin, Nature **1977**, 270, 369.

[8] R. H. Iwamoto, E. M. Acton, L. Goodmann, J. Med. Chem. **1963**, 6, 684.

[9] R. Fathi, B. Goswami, Pei-Pei Kung, B. L. Gaffney, R. A. Jones, Tetrahedron Lett. **1990**, 31, 319.

[10] H. Vorbrüggen, K. Krolikiewicz, U. Niedballa, Liebigs Ann. Chem. **1975**, 988.

[11] M. J. Robins, F. Hansske, S. E. Bernier, Can. J. Chem. **1981**, 59, 3360.

[12] J. Davoll, J. Am. Chem. Soc. **1951**, 73, 3174.

[13] R. W. Thomas, N. J. Leonard, Heterocycles **1976**, 5.

[14] A. Secrist, J. R. Barrio, N. J. Leonard, G. Weber, Biochemistry **1972**, 11, 3499.

[15] P. D. Sattsangi, N. J. Leonard, C. R. Frihart, J. Org. Chem. **1977**, 42, 3292.

[16] R. Khazanchi, Pei-Lin Yu, F. Johnson, J. Org. Chem. **1993**, 58, 2552.

[17] J. A. Secrist, J. R. Barrio, N. J. Leonard, G. Weber, Biochemistry **1972**, 19, 3499.

[18] F. Seela, B. Gabler, Z. Kazimierczuk, Collect. Czech. Chem. Commun. **1993**, 58, 170.

[19] G. Barbarella, A. Bertoluzza, V. Tugnoli, Magn. Reson. Chem. **1987**, 25, 864.

[20] J. L. York, J. Org. Chem. **1981**, 46, 2171.

[21] H. Steker, Dissertation Universität Osnabrück **1988**.

[22] F. Seela, H. P. Muth, Liebigs Ann. Chem. **1988**, 215.

[23] V. Nair, D. A. Young, J. Org. Chem. **1985**, 50, 406.

[24] A. Rosowsky, V. C. Solan, J. G. Sodroski, R. M. Ruprecht, J. Med. Chem. **1989**, 32, 1135.

[25] E. J. Corey, P. B. Hopkins, Tetrahedron Lett. **1982**, 23, 1979.

[26] D. H. R. Barton, R. Subramanian, J. Chem. Soc., Perkin Trans I, **1977**, 1718.

[27] D. H. R. Barton, S. W. McCombie, J. Chem. Soc., Perkin Trans. I, **1975**, 1, 1574.

[28] L. F. Christensen, A. D. Broom, M. J. Robins, A. Bloch, J. Med. Chem. **1972**, 15, 735.

[29] Z. Kazimierczuk, H. B. Cottam, G. R. Revankar, R. K. Robins, J. Am. Chem. Soc **1984**, 106, 6379.

[30] M. Hoffer, Chem. Ber. **1960**, 93, 2777.

[31] M. J. Robins, J. S. Wilson, F. Hanske, J. Am.Chem. Soc. **1983**, 105, 4059.

[32] M. Okabe, R.-C. Sun, S. Y.-K. Tam, L. B. Todaro, D. L. Coffen, J. Org. Chem. **1988**, 53, 4780.

[33] R. Appel, Angew. Chem. **1975**, 24, 363.

[34] F. Seela, H. Rosemeyer, S. Fischer, Helv. Chim. Acta **1990**, 73, 1602.

[35] K. Murakami, T. Shirasaka, H. Yoshioka, E. Kojima, S. Aoki, H. Ford, J. S. Driscoll. J. A. Kelley, H. Mitsuja, J. Med. Chem. **1991**, 34, 1606.

[36] O. Mitsunobu, Synthesis **1981**, 1.

[37] W. A. Szarek, C. Depew, H.C. Jarrell, J. K. N. Jones, J. Chem. Soc. Chem. Commun. **1975**, 648.

[38] F. Seela, K. Mersmann, Helv. Chim. Acta **1992**, 75, 1992.

[39] F. Seela, H.-P. Muth, A. Röling, Helv. Chim. Acta **1991**, 74, 554.

[40] P. Fischer, G. Lösch, R. R. Schmidt, Tetrahedron Lett. **1978**, 17, 1505.

[41] D. M. Huryn, M. Okabe, Chem. Rev. **1992**, 92, 1745.

[42] H. Rosemeyer, persönliche Mitteilung.

[43] R. P. Greyson, R. J. Quinn, R. S. Norton, J. Carbohydrates Nucleosides, Nucleotides, **1981**, 8, 345.

[44] B. L. Gaffney, L. A. Marky, R. A. Jones, Tetrahedron **1984**, 40, 3.

[45] Z. Kazimierczuk, persönliche Mitteilung.

[46] L. J. McBride, M. H. Caruthers, Tetrahedron Lett. **1983**, 24, 2953.

[47] F. Seela, H.-P. Muth, Helv. Chim. Acta **1991**, 74, 108.

[48] Pei-Pei Kung, R. A. Jones, Tetrahedron Lett. **1992**, 33, 40.

[49] T. Fröhlich, Diplomarbeit Universität Osnabrück **1993**.

[50] B. Fröhler, "Oligodeoxynucleotide Synthesis: H-Phosphonat Approach", in Druck

[51] M. Petersheim, D. H. Turner, Biochemistry **1983**, 22, 256.

[52] J. Kehrhahn, Physikalische Chemie, Universität Osnabrück, **1992**.

[53] F. Seela, S. Lampe, unveröffentliche Ergebnisse.

[54] K. J. Breslauer, R. Frank, H. Blöcker, L. A. Marky, Proc. Natl. Acad. Sci. **1986**, 83, 3750.

[55] C. A. Dekker, J. Am. Chem. Soc. **1965**, 87, 4027.

[56] International Union of Pure and Applied Chemistry, "Nomenclature of Organic Chemistry", Butterworths, New York **1971**.

[57] IUPAC-IUB Commission on Biochemical Nomenklature (CBN), Eur. J. Biochem. **1970**, 15, 203.

Mein Dank gilt:

Herrn Dr. Zygmunt Kazimierczuk für seine wertvollen Anregungen, seine ständige Diskussionsbereitschaft und für die Synthese von N^6-Etheno-2'-desoxyisoguanosin (**9**).

Herrn Holger Winter und Frau Dr. Karin Mersmann für ihre selbstlose Hilfsbereitschaft und ihr Interesse.

Herrn Peter Leonard und Herrn Thomas Wenzel für die zahlreichen fachlichen Diskussionen.

Herrn Dr. Helmut Rosemeyer für die NMR-Spezialmessungen und seine fachkundige Unterstützung.

Nicht zuletzt danke ich allen meinen Kolleginnen und Kollegen, die mich bei meiner Arbeit unterstützt haben.